한국수학학력평가
KMA (Korean Mathen

KB085870

1 KMA 특징

현직 교수, 박사급 출제위원!

전국 동시간대 실시 100 % 오프라인 평가

AI 교과 기본/응용/심화 + 창의 사고력 도전 평가 빅데이터 결과분석

KMA 한국수학학력평가는 개개인의 현재 수학실력에 대한 면밀한 정보를 제공하고자 인공지능(AI)을 통한 빅데이터 평가 자료를 기반으로 문항별, 단원별 분석과 교과 역량 지표를 분석합니다. 또한 이를 바탕으로 전체 응시자 평균점과 상위 30 %, 10 % 컷 점수를 알고 본인의 상대적 위치를 확인할 수 있습니다.

KMA 한국수학학력평가는 단순 점수와 등급 확인을 위한 평가가 아니라 미래사회가 요구하는 수학 교과 역량 평가지표 5가지 영역을 평가함으로써 수학실력 향상의 새로운 기준을 만들었습니다.

KMA 한국수학학력평가는 전국 동시간대 실시하는 100 % 오프라인 평가로 공정성 확보합니다.

2 KMA/KMAO 평가 일정 안내

구분	일정	내용
한국수학학력평가(상반기 예선)	매년 6월	상위 10% 성적 우수자에 본선 진출권 자동 부여
한국수학학력평가(하반기 예선)	매년 11월	
왕수학 전국수학경시대회(본선)	익년도 1월	상반기 또는 하반기 KMA 한국수학학력평가에서 상위 10% 성적 우수자 대상으로 본선 진행

※ 상기 일정은 상황에 따라 변동될 수 있습니다.

3 KMA(하반기) 시험 개요

참가 대상	초등학교 1학년~중학교 3학년
신청 방법	해당지역 접수처에 직접신청 또는 KMA 홈페이지에 온라인 접수
시험 범위	초등 : 2학기 1단원~4단원
	중등 : KMA홈페이지(www.kma-e.com) 참조

※ 초등 1, 2학년 : 25문항(총점 100점, 60분)　　▶ 시험지 內 답안작성
※ 초등 3학년~중등 3학년 : 30문항(총점 120점, 90분)　　▶ OMR 카드 답안작성

4 KMA 평가 영역

KMA 한국수학학력평가에서는 아래 5가지 수학교과역량을 평가에 반영하였습니다.

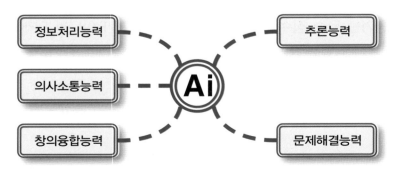

5 KMA 평가 내용

교과서 기본 과정 (10문항)	해당학년 수학 교과과정에서 기본개념과 원리에 기반 한 교과서 기본문제 수준으로 수학적 원리와 개념을 정확히 알고 있는지를 측정하는 문항들로 구성됩니다.
교과서 응용 과정 (10문항)	해당학년 수학 교과과정의 수학적 원리와 개념을 정확히 알고 기본문제에서 한 단계 발전된 형태의 수준으로 기본과정의 개념과 원리를 다양한 상황에 적용하고 응용 할 수 있는지를 측정하는 문항들로 구성됩니다.
교과서 심화 과정 (5문항)	해당학년의 수학 교과과정의 내용을 정확히 알고, 이를 다양한 상황에 적용하고 응용하는 능력뿐만 아니라, 문제에서 구하는 내용과 주어진 조건과의 상호 관련성을 파악하여 문제를 해결할 수 있는지를 측정하는 문항들로 구성됩니다.
창의 사고력 도전 문제 (5문항)	학습한 수학내용을 자유자재로 문제상황에 적용하며, 창의적으로 문제를 해결할 수 있는 수준으로 이 수준의 문항은 학생들이 기존의 풀이방법에서 벗어나 창의성을 요구하는 비정형 문항으로 구성됩니다.

※ 창의 사고력 도전 문제는 초등 3학년~중등 3학년만 적용됩니다.

6 KMA 평가 시상

	시상명	대상자	시상내역
개인	금상	90점 이상	상장, 메달
	은상	80점 이상	상장, 메달
	동상	70점 이상	상장, 메달
	장려상	50점 이상	상장
학원	대상	수상자 다수 배출 상위 10개 학원	상장, 상패, 현판(족자)
	최우수학원상	수상자 다수 배출 상위 30개 학원	상장, 족자(배너)
	우수지도교사상	상위 10% 성적 우수학생의 지도교사	상장

※ 상위 10% 이내 성적 우수자에 본선(KMAO 왕수학 전국수학경시대회) 진출권 부여

7 **KMA** OMR 카드 작성시 유의사항

1. 모든 항목은 컴퓨터용 사인펜만 사용하여 보기와 같이 표기하시오.
   보기) ① ● ③
   ※ 잘못된 표기 예시 : ☑ ☒ ⊙ ⊘
2. 수정시에는 수정테이프를 이용하여 깨끗하게 수정합니다.
3. 수험번호란과 생년월일란에는 감독 선생님의 지시에 따라 아라비아 숫자로 쓰고 해당란에
3. 표기하시오.
4. 답란에는 아라비아 숫자를 쓰고, 해당란에 표기하시오.
   ※ OMR카드를 잘못 작성하여 발생한 성적 결과는 책임지지 않습니다.

OMR 카드 답안작성 예시 1 한 자릿수	예1) 답이 1 또는 선다형 답이 ①인 경우 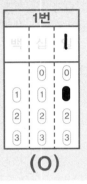

OMR 카드 답안작성 예시 2 두 자릿수	예2) 답이 12인 경우 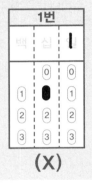

OMR 카드 답안작성 예시 3 세 자릿수	예3) 답이 230인 경우 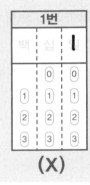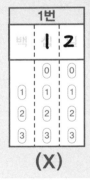

8 KMA 접수 안내 및 유의사항

(1) 가까운 지정 접수처 또는 KMA 홈페이지(www.kma-e.com)에서 접수합니다.

(2) 지정 접수처 접수 시, 응시원서를 작성하여 응시료와 함께 접수합니다.
   (KMA 홈페이지에서 응시원서를 다운로드 받아 사용 가능)

(3) 응시원서는 모든 사항을 빠짐없이 정확하게 작성합니다.
   시험장소는 접수 마감 후 추후 KMA 홈페이지에 공지할 예정입니다.

(4) 초등학교 3학년 응시생부터는 OMR 카드를 사용하여 답안을 작성하기 때문에 KMA 홈페이지에서
   OMR 카드를 다운로드하여 충분히 연습하시기 바랍니다.
   (OMR 카드를 잘못 작성하여 발생한 성적에 대해서는 책임지지 않습니다.)

(5) 부정행위 또는 타인의 시험을 방해하는 행위 적발 시, 즉각 퇴실 조치하고 당해 시험은 0점 처리
   되오니, 이점 유의하시기 바랍니다.

9 KMAO 왕수학 전국수학경시대회(본선)

KMA 한국수학학력평가 성적 우수자(상위 10%) 등을 대상으로 왕수학 전국수학경시대회를 통해 우수한 수학 영재를 조기에 발굴 교육함으로, 수학적 문제해결력과 창의 융합적 사고력을 키워 미래의 우수한 글로벌 리더를 키우고자 본 경시대회를 개최합니다.

참가 대상 및 응시료	KMA 한국수학학력평가 상반기 또는 하반기에서 성적 우수자 상위 10% 해당자로 본선 진출 자격을 받은 학생 또는 일반 참가 학생 ＊본선 진출 자격을 받은 학생들은 응시료를 할인 받을 수 있는 혜택이 있습니다.
대상 학년	초등 : 초3 ~ 초6(상급학년 지원 가능) 　　※초1~2학년은 본선 시험이 없으므로 초3학년에 응시 자격 부여함. 중등 : 중등 통합 공통과정(학년구분 없음)
출제 문항 및 시험 시간	주관식 단답형(23문항), 서술형(2문항) 시험 시간 : 90분 ＊풀이 과정에 따른 부분 점수가 있을 수 있습니다.
시험 난이도	왕수학(실력), 점프왕수학, 응용왕수학, 올림피아드왕수학 수준

＊ 시상 및 평가 일정 등 자세한 내용은 KMA 홈페이지(www.kma-e.com)에서 확인하실 수 있습니다.

교재의 구성과 특징

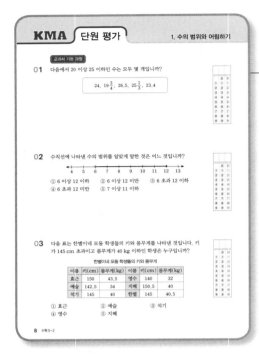

단원평가

KMA 시험을 대비할 수 있는 문제 유형들을 단원별로 정리하여 수록하였습니다.

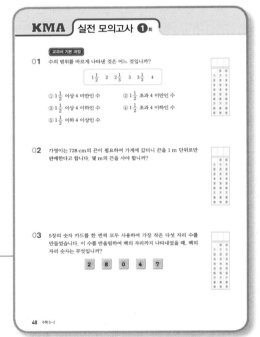

실전 모의고사

출제율이 높은 문제를 수록하여 KMA 시험을 완벽하게 대비할 수 있도록 합니다.

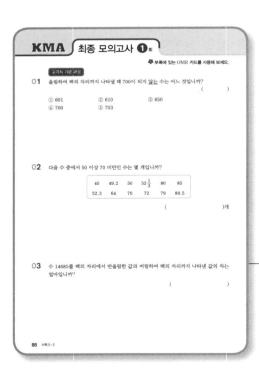

최종 모의고사

KMA 출제 위원과 검토 위원들이 문제 난이도와 타당성 등을 모두 고려한 최종 모의고사를 통하여 KMA 시험을 최종적으로 대비할 수 있도록 하였습니다.

Contents

교과서 기본 과정

01 다음에서 20 이상 25 이하인 수는 모두 몇 개입니까?

$$24, \ 19\frac{3}{4}, \ 26.5, \ 25\frac{1}{3}, \ 23.4$$

02 수직선에 나타낸 수의 범위를 알맞게 말한 것은 어느 것입니까?

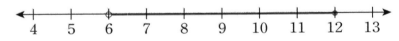

① 6 이상 12 이하　　② 6 이상 12 미만　　③ 6 초과 12 이하
④ 6 초과 12 미만　　⑤ 7 이상 11 이하

03 다음 표는 한별이네 모둠 학생들의 키와 몸무게를 나타낸 것입니다. 키가 145 cm 초과이고 몸무게가 40 kg 이하인 학생은 누구입니까?

한별이네 모둠 학생들의 키와 몸무게

이름	키(cm)	몸무게(kg)	이름	키(cm)	몸무게(kg)
효근	150	43.5	영수	140	32
예슬	142.5	34	지혜	150.5	40
석기	145	40	한별	145	40.5

① 효근　　　　　② 예슬　　　　　③ 석기
④ 영수　　　　　⑤ 지혜

04 웅이네 아파트의 엘리베이터는 700 kg 미만일 때만 작동된다고 합니다. 지금 타고 있는 사람들의 몸무게는 모두 620.75 kg이고, 한 사람이 더 타려고 할 때, 엘리베이터가 작동되기 위해서 더 타는 사람의 몸무게의 범위는 얼마여야 합니까?

① 79 kg 이하   ② 79 kg 이상   ③ 79 kg 미만
④ 79.25 kg 미만   ⑤ 79.25 kg 이하

05 12 초과 156 이하인 자연수 중 가장 큰 수를 가장 작은 수로 나눈 몫은 얼마입니까?

06 올림, 버림, 반올림 중에서 어떤 방법을 활용한 것인지 바르게 연결한 것은 어느 것입니까?

> ㉮ 학생 62명이 10인승 버스를 타고 놀이공원을 가려고 할 때 필요한 버스의 수
> ㉯ 집에서 도서관까지의 거리가 423 m일 때 그 거리가 몇백m에 가까운지 구하려는 경우
> ㉰ 100원짜리 동전이 89개 있을 때 이 동전을 천원짜리 지폐로 바꿀 수 있는 금액

① ㉮ - 버림, ㉯ - 올림, ㉰ - 반올림
② ㉮ - 올림, ㉯ - 반올림, ㉰ - 버림
③ ㉮ - 버림, ㉯ - 반올림, ㉰ - 올림
④ ㉮ - 반올림, ㉯ - 버림, ㉰ - 올림
⑤ ㉮ - 올림, ㉯ - 버림, ㉰ - 반올림

07 어느 학교에서 554명의 학생들에게 우산을 한 개씩 나누어 주기 위해 한 상자에 10개씩 들어 있는 우산을 사려고 합니다. 사야 하는 우산 상자가 최소 몇 개인지 구하기 위해 바르게 어림한 사람을 찾아 번호를 쓰시오.

① 서이 : 학생 수를 올림하여 십의 자리까지 어림했어.
② 승윤 : 학생 수를 반올림하여 백의 자리까지 어림했어.
③ 서윤 : 학생 수를 버림하여 십의 자리까지 어림했어.
④ 도민 : 학생 수를 반올림하여 천의 자리까지 어림했어.
⑤ 지혜 : 학생 수를 올림하여 백의 자리까지 어림했어.

08 양계장에서 오늘 하루에 낳은 달걀을 세어 보니 1648개였습니다. 이 달걀을 한 판에 30개씩 들어가는 판에 모두 담으려면 달걀판은 최소한 몇 개가 필요합니까?

09 리본 한 개를 만드는 데 20 cm의 끈이 필요합니다. 길이가 96 cm인 끈으로는 몇 개의 리본을 만들 수 있습니까?

10 한초네 학교의 5학년 학생은 438명입니다. 5학년 학생은 약 몇백 명입니까?

11 십의 자리에서 반올림하여 20000이 되는 자연수는 몇 개입니까?

12 규형이네 학교 5학년은 남학생이 123명이고 여학생이 145명입니다. 남학생과 여학생이 각각 다른 버스를 타고 현장학습을 간다면 버스는 적어도 몇 대가 필요합니까? (단, 버스 한 대에는 45명씩 탈 수 있습니다.)

교과서 응용 과정

13 몇 개의 구슬이 있습니다. 이 구슬들을 한 봉지에 10개씩 담아 봉지당 300원에 팔 때, 구슬을 팔아서 최대로 얻을 수 있는 금액은 8400원입니다. 처음에 있었던 구슬의 수를 ■개 이상 ▲개 이하라고 할 때 ■＋▲의 값은 얼마입니까?

14 어느 마을의 학생 수를 반올림하여 십의 자리까지 나타내면 50명입니다. 한 학생에게 사탕을 4개씩 나누어 주려고 합니다. 필요한 사탕의 수가 ■개 이상 ●개 이하라고 할 때 ●－■의 값은 얼마입니까?

15 다음 조건 을 만족하는 자연수 ㉠, ㉡에 대하여 ㉠＋㉡의 값을 구하시오.

조건
• 1515 초과 1638 미만인 자연수는 모두 ㉠개입니다.
• 1192 이상 1322 미만인 자연수는 모두 ㉡개입니다.

16 버림하여 백의 자리까지 나타내면 5200이고, 올림하여 백의 자리까지 나타내면 5300이며, 반올림하여 백의 자리까지 나타내면 5200이 되는 어떤 수가 있습니다. 어떤 수가 될 수 있는 자연수는 모두 몇 개입니까?

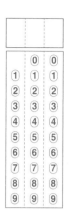

17 두 수의 범위에 공통으로 속하는 자연수 중에서 가장 큰 3의 배수와 가장 작은 4의 배수의 합은 얼마입니까?

129　　　　186　　　132　　　　189

18 다음은 세 어린이가 가지고 있는 수 카드에 관한 대화입니다. 수 카드에 적혀 있는 수가 모두 자연수일 때, 세 어린이가 공통으로 가지고 있는 수 카드에 적힌 수는 무엇입니까?

> 영수 : 나는 25 이상 36 미만인 수들을 가지고 있어.
> 지혜 : 내 수 카드에는 11 초과 30 미만인 수들이 적혀 있어.
> 가영 : 난 1 초과 25 이하인 수들을 가지고 있어.

19 신영이네 학교에서는 불우이웃돕기 쌀을 모았습니다. 모은 쌀은 365 kg이었고 이 쌀을 40 kg씩 자루에 담아 한 자루에 7만 원씩 팔았습니다. 쌀을 팔아 생긴 돈으로 한 사람당 12만 원씩 도와준다면 모두 몇 명까지 도와줄 수 있습니까?

20 상연이네 학년 학생들은 체육 시간에 게임을 하기 위해 모둠을 나누어 책상에 앉으려고 합니다. 4명씩 앉으면 13개의 책상이 필요하고, 6명씩 앉으면 9개의 책상이 필요하다고 합니다. 학생 수는 ■명 이상 ▲명 이하라고 할 때 ■＋▲의 값은 얼마입니까?

교과서 심화 과정

21 어떤 자연수를 8로 나눈 후 몫을 버림하여 백의 자리까지 나타내면 400이 되고, 9로 나눈 후 몫을 반올림하여 십의 자리까지 나타내면 360이 됩니다. 어떤 자연수가 될 수 있는 수는 모두 몇 개입니까?

22 어떤 수를 십의 자리에서 반올림하면 5000이고, 버림하여 천의 자리까지 나타내면 4000입니다. 어떤 수의 범위를 다음과 같이 나타내었을 때, ㉠과 ㉡의 차는 얼마입니까?

㉠ 이상 ㉡ 미만인 수

23 지혜네 마을의 학생 수는 초등학생이 534명, 중학생이 708명, 고등학생이 465명입니다. 이 학생들에게 교통안전캠페인 붙임 딱지를 한 장씩 나누어 주려고 합니다. 이 붙임 딱지는 20장씩 한 묶음으로 되어 있다면 몇 묶음이 필요합니까?

24 ㉮와 ㉯에 알맞은 수를 찾아 합을 구하면 얼마입니까?

예슬이와 가영이의 몸무게를 자연수로 나타낸 후 더하여 일의 자리에서 반올림하였더니 60 kg이었습니다. 예슬이의 몸무게를 일의 자리에서 반올림하였더니 20 kg이었다면, 가영이는 예슬이보다 최대 ㉮ kg 무겁고, 최소 ㉯ kg 무겁다고 할 수 있습니다.

25 ㉮, ㉯, ㉰가 다음과 같은 관계에 있을 때 ㉯의 수의 범위가 ○ 이상 □ 미만이었습니다. □−○는 얼마입니까?

> • ㉮=㉯×3입니다.
> • ㉮는 ㉰보다 37 큰 수입니다.
> • ㉰는 230 이상 242 미만인 수입니다.

창의 사고력 도전 문제

26 다음 다섯 자리 수를 올림하여 천의 자리까지 나타낸 수와 반올림하여 천의 자리까지 나타낸 수가 같을 때 알맞은 다섯 자리의 수는 모두 몇 개입니까?

> 53□□4

27 유승, 승민, 지훈 세 사람이 어떤 다섯 자리 자연수를 올림, 버림, 반올림 중 각각 다른 방법으로 어림하여 나타낸 것입니다. 어떤 수가 될 수 있는 수 중에서 가장 큰 수와 가장 작은 수의 차는 얼마입니까?

	유승	승민	지훈
천의 자리까지 나타냄	24000	25000	24000
백의 자리까지 나타냄	24300	24300	24200

28 선물을 모두 포장하는 데 포장지가 182장 필요합니다. 다음 포장지 가격표를 보고 포장지의 값이 가장 많이 들 때와 가장 적게 들 때의 차는 얼마인지 구하시오. (단, 포장지는 10장씩 묶음과 100장씩 묶음으로만 판매합니다.)

> 10장씩 묶음 : 950원
> 100장씩 묶음 : 8700원

29 다음과 같은 규칙 으로 계산했을 때 마지막에 나오는 수가 5가 되는 세 자리 수 중에서 500 이하인 자연수는 모두 몇 개입니까?

규칙

- $106 \xrightarrow{(1+0+6)\times 5} 35 \xrightarrow{3+5} 8$
- $235 \xrightarrow{(2+3+5)\times 5} 50 \xrightarrow{5+0} 5$
- $314 \xrightarrow{(3+1+4)\times 5} 40 \xrightarrow{4+0} 4$

30 수학 캠프에 참여한 학생들은 방을 나누어 쓰려고 합니다. 방 2개를 같은 수의 학생이 사용하면 한 명이 남고 방 3개를 같은 수의 학생이 사용해도 한 명이 남습니다. 또, 방 2개를 사용할 때 한 방에 들어갈 학생 수를 버림하여 십의 자리까지 나타내면 20명이 되고 방 3개를 사용할 때 한 방에 들어갈 학생 수를 올림하여 십의 자리까지 나타내면 20명이 됩니다. 수학 캠프에 참여한 학생이 가장 많을 경우는 ■명이고 가장 적을 경우는 ▲명일 때 ■ − ▲의 값은 얼마입니까?

교과서 기본 과정

01 계산 결과가 가장 큰 것은 어느 것입니까?

① $\frac{1}{7}$씩 5번

② $\frac{1}{4} + \frac{1}{4} + \frac{1}{4}$

③ $\frac{1}{5} \times 4$

④ $\frac{3}{8} + \frac{5}{8}$

⑤ $\frac{1}{6} \times 7$

02 효근이네 집에서 수영장까지의 거리는 $3\frac{3}{4}$ km입니다. 집에서 출발하여 수영장까지 가는 데 이 거리의 $\frac{4}{5}$를 달려서 갔을 때, 달려서 간 거리는 몇 km입니까?

03 □ 안에 들어갈 수 있는 자연수는 모두 몇 개입니까?

$$\frac{8}{15} \times \frac{5}{16} < \frac{1}{\square}$$

04 유승이는 매일 우유를 $\frac{1}{4}$ L씩 마시고, 한솔이는 매일 우유를 $\frac{1}{5}$ L씩 마신다고 합니다. 두 사람이 20일 동안 마신 우유의 합은 몇 L입니까?

05 계산 결과가 5보다 작은 것은 어느 것입니까?

① $6 \times \frac{7}{8}$

② $2\frac{14}{15} \times 3$

③ $\frac{7}{9} \times 6\frac{27}{28}$

④ $3\frac{1}{7} \times 2\frac{1}{2}$

⑤ $4\frac{1}{3} \times 1\frac{1}{11}$

06 직사각형의 넓이를 $\dfrac{\bigcirc\!\!\!\!\text{ㄱ}\ \text{ㄴ}}{\text{ㄷ}}$ cm^2 라고 할 때 ㉠＋㉡＋㉢의 최솟값은 얼마입니까?

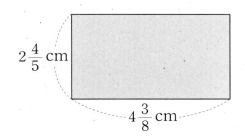

$2\frac{4}{5}$ cm

$4\frac{3}{8}$ cm

07 ㉮에 알맞은 수는 얼마입니까?

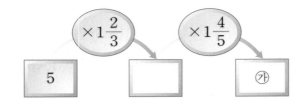

08 계산 결과가 단위분수가 되는 것은 어느 것입니까?

① $\dfrac{1}{4} \times \dfrac{7}{9} \times 2\dfrac{1}{3}$ ② $\dfrac{1}{5} \times 2\dfrac{1}{2} \times \dfrac{5}{8}$ ③ $\dfrac{3}{7} \times \dfrac{7}{9} \times 3\dfrac{1}{3}$

④ $\dfrac{5}{8} \times 1\dfrac{3}{5} \times \dfrac{1}{6}$ ⑤ $\dfrac{4}{9} \times 1\dfrac{1}{5} \times 1\dfrac{2}{7}$

09 □ 안에 들어갈 수 있는 자연수는 모두 몇 개입니까?

$$1\dfrac{1}{4} \times 9\dfrac{1}{3} < \square < 6\dfrac{1}{8} \times 5\dfrac{5}{7}$$

10 아버지의 몸무게는 96 kg이고 어머니의 몸무게는 아버지의 몸무게의 $\frac{2}{3}$ 입니다. 가영이의 몸무게는 어머니의 몸무게의 $\frac{5}{8}$ 라고 하면 가영이의 몸무게는 몇 kg입니까?

11 가＊나＝가×(가−나)로 약속할 때, 다음을 구하시오.

$$4\frac{4}{9} * 3\frac{23}{72}$$

12 전체 학생의 $\frac{3}{5}$ 은 남학생이고 남학생의 $\frac{3}{4}$ 과 여학생의 $\frac{5}{9}$ 가 수학을 좋아합니다. 전체 학생 수가 360명이라면 수학을 좋아하는 학생은 모두 몇 명입니까?

교과서 응용 과정

13 웅이는 어떤 일의 $\frac{1}{4}$을 하는 데 9일이 걸리고 지혜는 그 일의 $\frac{1}{6}$을 하는 데 3일이 걸린다고 합니다. 두 사람이 함께 그 일을 한다면, 며칠만에 끝낼 수 있습니까? (단, 한 사람이 하루에 하는 일의 양은 같습니다.)

14 주어진 6장의 숫자 카드 중 2장씩 골라 3개의 기약분수를 만들었습니다. 세 분수의 곱이 가장 작게 될 때의 값을 기약분수로 나타내면 $\frac{\text{ⓛ}}{\text{⑤}}$ 입니다. 이때 ⑤과 ⓛ의 합을 구하시오.

15 어떤 수에서 $\frac{1}{2}$을 뺀 후 8로 나누었더니 $1\frac{1}{4}$이 되었습니다. 어떤 수를 $⑤\frac{ⓒ}{ⓛ}$이라고 할 때 ⑤+ⓛ+ⓒ의 최솟값은 얼마입니까?

16 □ 안에 들어갈 수 있는 진분수 중 단위분수는 모두 몇 개입니까?

$$6\frac{2}{3} \times \frac{1}{40} < \boxed{}$$

17 어느 직사각형의 넓이는 450 cm²입니다. 전체의 $\frac{1}{3}$에는 빨간색을 칠하고, 나머지의 $\frac{3}{5}$에는 파란색을 칠했습니다. 파란색은 빨간색보다 몇 cm² 더 칠했습니까?

18 성은이는 포도맛 사탕과 자두맛 사탕을 합하여 모두 63개 가지고 있습니다. 포도맛 사탕 수의 $\frac{1}{4}$과 자두맛 사탕 수의 $\frac{1}{5}$이 같다면 성은이가 가지고 있는 자두맛 사탕은 몇 개입니까?

19 한 장의 무게가 $3\frac{2}{5}$ kg인 벽돌이 25장 있습니다. 이 중 $\frac{3}{5}$ 을 화단을 만드는 데 사용했다면 남은 벽돌의 총 무게는 몇 kg입니까?

20 한솔이는 전체가 120쪽인 동화책을 읽었습니다. 그저께는 전체의 $\frac{1}{6}$ 을, 어제는 나머지의 $\frac{2}{5}$ 를, 오늘은 그 나머지의 $\frac{1}{3}$ 을 읽었습니다. 내일 나머지를 모두 읽는다면 내일 읽을 양은 몇 쪽입니까?

[교과서 심화 과정]

21 정사각형의 가로를 $\frac{1}{3}$ 만큼 줄이고, 세로는 $\frac{3}{4}$ 만큼 늘인 직사각형의 넓이는 처음 정사각형의 넓이의 $\frac{\boxed{\text{ㄷ}}}{\boxed{\text{ㄴ}}}$ 배입니다. 이때 $\boxed{\text{ㄱ}}+\boxed{\text{ㄴ}}+\boxed{\text{ㄷ}}$ 의 최솟값은 얼마입니까?

22 다음 식에서 ㉠은 20보다 작은 자연수이고, ㉡은 100보다 작은 자연수일 때, ㉡이 될 수 있는 수는 모두 몇 개입니까? (단, ■는 자연수입니다.)

23 떨어진 높이의 $\frac{2}{3}$ 만큼 튀어 오르는 공이 있습니다. 어떤 높이에서 이 공을 떨어뜨려 세 번째로 튀어 오른 높이가 16 m일 때, 처음에 공을 떨어뜨린 곳의 높이는 몇 m입니까?

24 하루에 $3\frac{1}{6}$ 분씩 빨라지는 시계가 있습니다. 어느 날 정오에 시계를 정확히 맞추어 놓았다면, 2주일 후에 정오 시보가 울릴 때 이 시계가 가리키는 시각은 오후 ■시 ▲분 ●입니다. 이때 ■＋▲＋●의 값은 얼마입니까?

25 세 분수 $\dfrac{8}{9}$, $\dfrac{16}{45}$, $\dfrac{4}{15}$ 에 각각 어떤 분수를 곱하였더니 모두 자연수가 되었다고 합니다. 이와 같은 분수 중에서 가장 작은 분수를 $\dfrac{\textcircled{\scriptsize ㄷ}}{\textcircled{\scriptsize ㄴ}}\textcircled{\scriptsize ㄱ}$ 이 라고 할 때 $\textcircled{\scriptsize ㄱ}+\textcircled{\scriptsize ㄴ}+\textcircled{\scriptsize ㄷ}$ 의 최솟값은 얼마입니까?

창의 사고력 도전 문제

26 흐르지 않는 물에서 한 시간에 12 km의 빠르기로 이동하는 배가 있습니다. 이 배가 한 시간에 3 km의 빠르기로 흐르는 강물을 3시간 40분 동안 거슬러 올라갔다가 1시간 48분 동안 내려왔다면 배가 이동한 거리는 모두 몇 km입니까?

27 다음 식이 성립하도록 □ 안에 알맞은 수를 구하시오.

$$\frac{1}{2}-\frac{1}{3}+\frac{1}{4}-\frac{1}{5}+\frac{1}{6}=\boxed{}\times\frac{1}{2}\times\frac{1}{3}\times\frac{1}{4}\times\frac{1}{5}\times\frac{1}{6}$$

28 □와 △ 안에는 1보다 크고 20보다 작은 서로 다른 자연수가 들어갈 수 있습니다. □와 △ 안에 들어갈 수 있는 수의 쌍 (□, △)는 모두 몇 쌍입니까?

$$\frac{1}{\square} \times \triangle = (자연수)$$

29 서로 다른 자연수 A와 B가 있습니다. A와 B의 합은 136이고, A와 B의 최대공약수는 17입니다. $\dfrac{B}{A} \times \dfrac{B}{A}$의 최솟값을 $\dfrac{\text{ⓛ}}{\text{ⓖ}}$이라고 할 때, ⓖ+ⓛ의 값을 구하시오. (단, A > B입니다.)

30 유승이와 한솔이는 연못의 둘레를 같은 지점에서 출발하여 반대 방향으로 일정한 빠르기로 돌고 있습니다. 연못의 둘레를 한 바퀴 도는 데 유승이는 15분이 걸리고, 유승이와 한솔이는 $6\dfrac{2}{3}$분마다 만난다고 합니다. 한솔이가 연못을 한 바퀴 도는데 걸리는 시간은 몇 분입니까?

교과서 기본 과정

01 두 삼각형은 서로 합동입니다. 삼각형 ㄹㅁㅂ의 둘레는 몇 cm입니까?

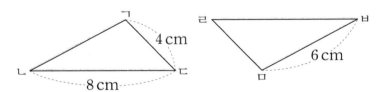

	⓪	⓪
①	①	①
②	②	②
③	③	③
④	④	④
⑤	⑤	⑤
⑥	⑥	⑥
⑦	⑦	⑦
⑧	⑧	⑧
⑨	⑨	⑨

02 합동인 2개의 직각삼각형을 겹쳐 놓았습니다. 각 ㄱㄴㄹ의 크기는 몇 도입니까?

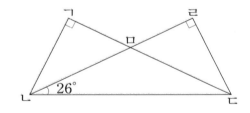

	⓪	⓪
①	①	①
②	②	②
③	③	③
④	④	④
⑤	⑤	⑤
⑥	⑥	⑥
⑦	⑦	⑦
⑧	⑧	⑧
⑨	⑨	⑨

03 다음 중 반드시 합동이 되는 도형은 어느 것입니까?

① 둘레의 길이가 같은 두 삼각형
② 넓이가 같은 두 정사각형
③ 넓이가 같은 두 직사각형
④ 한 변의 길이와 높이가 같은 두 사다리꼴
⑤ 세 각의 크기가 같은 두 직각삼각형

	⓪	⓪
①	①	①
②	②	②
③	③	③
④	④	④
⑤	⑤	⑤
⑥	⑥	⑥
⑦	⑦	⑦
⑧	⑧	⑧
⑨	⑨	⑨

04 사각형 ㄱㄴㄷㄹ과 사각형 ㅅㅇㅁㅂ은 서로 합동입니다. ㉠과 ㉡에 알맞은 수를 각각 찾아 합을 구하면 얼마입니까?

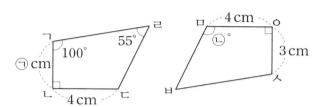

05 도형 중에서 선대칭도형은 모두 몇 개입니까?

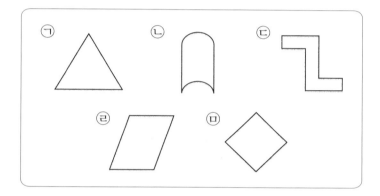

06 선대칭도형에서 대칭축의 개수가 많은 순서대로 기호를 쓴 것은 어느 것입니까?

① ㄱ, ㄴ, ㄷ, ㄹ   ② ㄹ, ㄷ, ㄴ, ㄱ   ③ ㄹ, ㄷ, ㄱ, ㄴ

④ ㄷ, ㄹ, ㄴ, ㄱ   ⑤ ㄷ, ㄹ, ㄱ, ㄴ

07 선대칭도형에 관한 설명입니다. 옳지 <u>않은</u> 것은 어느 것입니까?

① 대응점끼리 이은 선분들은 서로 평행합니다.

② 대칭축에서 대응점까지의 거리는 서로 같습니다.

③ 대칭축은 1개일 수도 있고, 여러 개일 수도 있습니다.

④ 대응점을 연결한 선분은 대칭축에 의해 수직으로 이등분됩니다.

⑤ 대응변의 길이는 각각 같으나 대응각의 크기는 다를 수도 있습니다.

08 선대칭도형이면서 점대칭도형인 것은 모두 몇 개입니까?

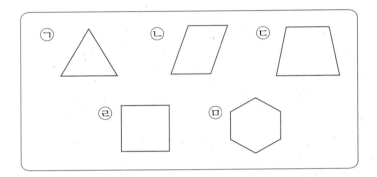

09 오른쪽 그림은 점 ㅇ을 대칭의 중심으로 하는 점대칭도형입니다. 선분 ㄴㅁ의 길이는 몇 cm입니까?

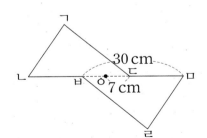

10 오른쪽 도형을 선을 따라 2개로 잘랐을 때, 서로 합동이 되도록 자르는 선은 모두 몇 개입니까?

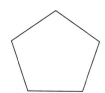

11 오른쪽 도형은 직사각형 모양의 종이를 접은 것입니다. ㉠은 몇 도입니까?

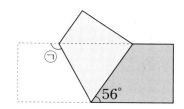

12 오른쪽 도형은 선분 ㄱㄴ을 대칭축으로 하는 선대칭도형의 일부분입니다. 선대칭도형을 완성했을 때 완성된 선대칭도형의 둘레가 82 cm였습니다. ㉠에 알맞은 수는 얼마입니까?

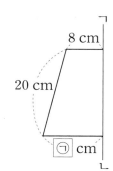

교과서 응용 과정

13 오른쪽 사다리꼴에서 서로 합동인 삼각형은 모두 몇 쌍 있습니까?

	0	0
1	1	1
2	2	2
3	3	3
4	4	4
5	5	5
6	6	6
7	7	7
8	8	8
9	9	9

14 오른쪽 그림은 직사각형 ㄱㄴㄷㄹ과 정삼각형 ㅁㄴㄷ을 겹쳐서 그린 그림입니다. 사각형 ㅂㄴㄷㅅ의 둘레는 몇 cm입니까?

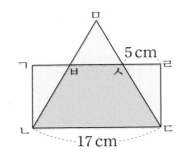

	0	0
1	1	1
2	2	2
3	3	3
4	4	4
5	5	5
6	6	6
7	7	7
8	8	8
9	9	9

15 오른쪽 직사각형에서 각 ㄹㅁㄷ의 크기는 몇 도입니까?

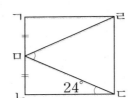

	0	0
1	1	1
2	2	2
3	3	3
4	4	4
5	5	5
6	6	6
7	7	7
8	8	8
9	9	9

16 오른쪽 도형에서 삼각형 ㄱㄴㄷ과 삼각형 ㄷㄹㅁ은 서로 합동입니다. 각 ㄱㄷㅁ의 크기는 몇 도입니까?

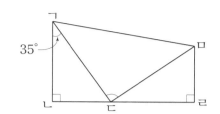

17 한 변의 길이가 15 cm인 정사각형 2개를 겹쳐서 선대칭도형을 만들었습니다. 이 선대칭도형의 넓이가 386 cm²일 때, 도형의 둘레는 몇 cm입니까?

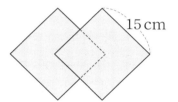

18 오른쪽 도형은 점 ㅇ을 대칭의 중심으로 하는 점대칭도형입니다. 각 ㄴㅇㄹ의 크기는 몇 도입니까?

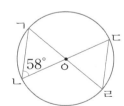

19 오른쪽 도형은 선분 ㄱㄴ을 대칭축으로 하는 선대칭도형입니다. 각 ㄷㅂㅁ의 크기는 몇 도 입니까?

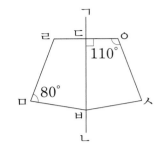

20 오른쪽 직사각형에서 점 ㅁ과 점 ㅂ은 각각 선분 ㄱㄴ과 선분 ㄱㄹ을 이등분 하는 점입니다. 점 ㅁ과 점 ㅂ을 대칭 의 중심으로 하여 각각 점대칭도형을 완성했을 때, 완성된 두 도형의 둘레 의 차는 몇 cm입니까?

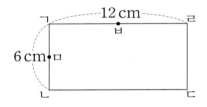

교과서 심화 과정

21 삼각형 ㄱㄴㄷ과 삼각형 ㄹㅂㅁ은 서로 합동입니다. 이때, 각 ㄹㅅㄱ 의 크기는 몇 도입니까?

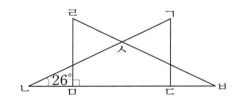

22 크기가 같은 정사각형 2개를 겹쳐서 점대칭도형을 만들었습니다. 이 점대칭도형의 넓이가 $82\,cm^2$ 일 때, 대칭의 중심이 되는 점과 점 ㄱ 사이의 거리는 몇 cm입니까?

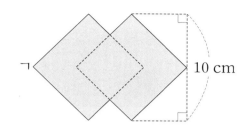

10 cm

23 삼각형 ㄱㄴㄷ을 점 ㄷ을 중심으로 시계 반대 방향으로 36°만큼 회전한 것이 삼각형 ㄹㅁㄷ입니다. ㉮는 몇 도입니까?

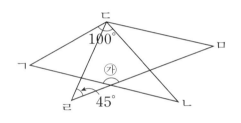

24 오른쪽 그림은 합동인 이등변삼각형 2개를 겹쳐 놓은 것입니다. 색칠한 부분의 넓이는 몇 cm^2입니까?

16 cm

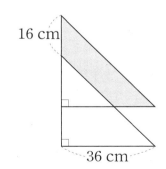

36 cm

25 직사각형 모양의 종이를 다음과 같이 대각선으로 접었습니다. 직사각형 ㄱㄴㄷㄹ의 넓이는 몇 cm²입니까?

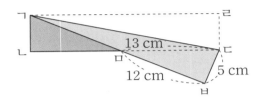

26 다음 도형에서 삼각형 ㄱㄴㄷ과 삼각형 ㄷㄹㅁ은 서로 합동이고, 사각형 ㄱㄴㄹㅁ은 사다리꼴입니다. 삼각형 ㄱㄷㅁ의 넓이는 몇 cm²입니까?

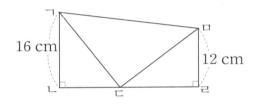

27 합동인 정사각형 ㉮, ㉯가 있습니다. 정사각형 ㉯의 한 꼭짓점이 오른쪽 그림과 같이 점 ㄱ과 겹쳐 있습니다. 정사각형의 한 변이 30 cm일 때, 두 도형이 겹치는 부분의 넓이는 몇 cm²입니까?

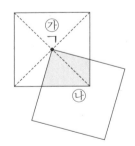

28 사각형 ㄱㄴㄷㄹ과 사각형 ㅁㅂㅅㅇ은 각각 대칭축이 4개인 선대칭도형입니다. 선분 ㄱㅁ과 선분 ㅁㅈ의 길이가 같고, 사각형 ㄱㄴㄷㄹ의 넓이가 784 cm^2일 때, 사각형 ㄱㄴㅂㅁ의 넓이는 몇 cm^2입니까?

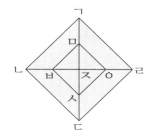

29 삼각형 ㄱㄴㄷ은 정삼각형이고, 선분 ㄱㄹ과 선분 ㄷㄹ의 길이는 같습니다. 삼각형 ㄱㄴㄷ을 선분 ㅅㅇ에 대하여 선대칭도형이 되도록 완성하였을 때, 완성한 선대칭도형의 둘레는 몇 cm입니까?

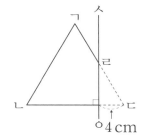

30 오른쪽과 같은 모양의 사다리꼴 2개로 변과 변을 맞닿게 붙여서 만들 수 있는 선대칭도형의 종류는 몇 가지입니까? (단, 돌리거나 뒤집어 모양이 같은 것은 한 가지로 생각합니다.)

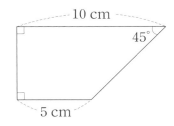

교과서 기본 과정

01 곱이 가장 큰 것은 어느 것입니까?

① 0.3×8　　　② 0.4×7　　　③ 0.5×6

④ 9×0.2　　　⑤ 8×0.4

02 한 변의 길이가 0.8 m인 정오각형이 있습니다. 이 정오각형의 둘레는 몇 m입니까?

03 다음 중 계산이 잘못된 것은 어느 것입니까?

① $4.6 \times 4 = 18.4$　　　② $6.3 \times 7 = 44.1$　　　③ $2.9 \times 8 = 23.2$

④ $5 \times 3.6 = 1.8$　　　⑤ $7 \times 2.3 = 16.1$

04 □ 안에 들어갈 수 있는 자연수는 모두 몇 개입니까?

$$4 \times 1.5 < □ < 9 \times 1.4$$

05 ■는 ▲의 몇 배인지 구하시오.

$$■ = 43 \times 0.15$$
$$▲ = 43 \times 0.015$$

06 계산 결과가 가장 큰 것부터 차례로 기호를 쓴 것은 어느 것입니까?

$$㉠ \ 0.4 \times 0.27 \qquad ㉡ \ 0.35 \times 0.6 \qquad ㉢ \ 0.52 \times 0.3$$

① ㉠, ㉡, ㉢   ② ㉡, ㉢, ㉠   ③ ㉢, ㉠, ㉡

④ ㉡, ㉠, ㉢   ⑤ ㉢, ㉡, ㉠

07 굵기가 일정한 나무 도막 1 m의 무게는 0.64 kg입니다. 이 나무 도막 0.8 m의 무게를 ㉮ kg이라고 할 때 ㉮×1000의 값은 얼마입니까?

08 ㉠에 알맞은 수를 구하시오.

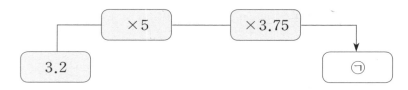

09 다음 마름모의 둘레와 정삼각형의 둘레의 차를 ■ cm라고 할 때 ■×100의 값은 얼마입니까?

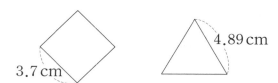

10 다음에서 ㉮와 ㉯의 차를 ▲라 할 때 ▲×10의 값은 얼마입니까?

> ㉮ 34.6×87.5
> ㉯ 34.5×87.6

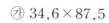

11 오른쪽 정육각형의 둘레를 ●cm라 할 때 ●×10의 값은 얼마입니까?

4.7 cm

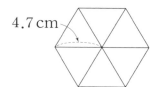

12 유승이네 집에는 2.5 L들이 생수가 하루에 1통씩 배달됩니다. 11월 한 달 동안 유승이네 집에 배달되는 생수는 몇 L입니까?

교과서 응용 과정

13 공이 땅에 닿으면 떨어진 높이의 0.4만큼씩 튀어 오르는 공이 있습니다. 이 공을 2.5 m의 높이에서 떨어뜨려 공이 땅에 세 번 닿았다가 튀어 올랐을 때의 높이는 몇 cm입니까?

14 곱의 소수점 아래 자릿수가 나머지와 <u>다른</u> 하나는 어느 것입니까?

① 0.7×2.23 ② 13.4×2.54 ③ 6.27×0.4

④ 7.54×6.5 ⑤ 3.25×0.7

15 동석이의 키는 150 cm이고, 몸무게는 50 kg입니다. 동석이의 몸무게가 표준 몸무게가 되려면 몸무게를 몇 kg 줄여야 합니까?

$$\{ \text{표준 몸무게(kg)} \} = \{ \text{키(cm)} - 100 \} \times 0.9$$

16 다음 식에서 ㉠은 ㉡의 몇 배입니까?

> ㉠ $39.1 \times 20.35 \times 0.63$
> ㉡ $6.3 \times 2.035 \times 0.391$

17 유승, 한솔, 한별 세 사람이 여행을 갔습니다. 유승이 가방의 무게는 12.5 kg이고, 한솔이 가방의 무게는 유승이 가방 무게의 0.8배이고 한별이 가방의 무게는 유승이 가방 무게의 0.64배입니다. 한솔이 가방 무게는 한별이 가방 무게보다 몇 kg 더 무겁습니까?

18 A1용지의 긴 변을 반으로 접어 자르면 A2용지가 되고, A2용지의 긴 변을 반으로 접어 자르면 A3용지가 되고, A3용지의 긴 변을 반으로 접어 자르면 A4용지가 됩니다. A4용지의 긴 변의 길이는 29.7 cm이고, 짧은 변의 길이는 21 cm입니다. A2용지의 넓이를 구하였을 때 각 자리의 숫자의 합을 구하시오.

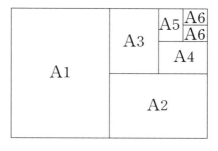

19 유승이네 학교 전체 학생 수의 0.52가 여학생이고 여학생 수의 0.375가 애완 동물을 기른다고 합니다. 전체 학생 수가 800명이라고 할 때, 애완 동물을 기르지 않는 여학생은 몇 명입니까?

20 길이가 각각 3.3 m인 철사 5개를 0.1 m씩 겹치게 이어서 오른쪽과 같은 정사각형 모양을 만들었습니다. 만든 정사각형의 한 변의 길이는 몇 m입니까?

교과서 심화 과정

21 어머니의 몸무게는 은민이의 몸무게의 1.7배보다 3 kg 가볍고, 아버지의 몸무게는 어머니의 몸무게의 1.4배보다 2 kg 무겁습니다. 은민이의 몸무게가 33 kg이라면 아버지의 몸무게는 몇 kg인지 반올림하여 일의 자리까지 나타내시오.

22 한 시간에 72.5 km를 달리는 자동차가 있습니다. 이 자동차로 10 km 달리는 데 0.8 L의 기름이 든다면, 1시간 15분 동안 달리는 데는 ■ L 의 기름이 듭니다. 이때 ■×100의 값은 얼마입니까?

23 어떤 정사각형에서 가로를 2.5 m, 세로를 1.5 m만큼 늘여 직사각형 을 만들면 넓이가 처음보다 35.75 m² 더 늘어난다고 합니다. 처음 정사 각형의 한 변의 길이는 몇 m입니까?

24 길이가 24 cm인 양초에 불을 붙였더니 1분에 1.2 cm씩 줄어들었습 니다. 불을 붙인 지 4분 15초 후에 남은 양초의 길이를 ● cm라 할 때 ●×10의 값은 얼마입니까?

25 □ 안에 4장의 숫자 카드 2, 4, 3, 8 을 한 번씩만 넣어 계산 결과가 가장 큰 곱셈식을 만들었습니다. 이때 계산 결과의 각 자리의 숫자의 합을 구하시오.

$$0.\square\square \times 0.\square\square$$

[창의 사고력 도전 문제]

26 다음과 같이 10의 배수가 아닌 두 자리 자연수 ㉠㉡과 1보다 작은 소수 한 자리 수의 곱이 가장 큰 자연수가 되도록 할 때, 가장 큰 곱은 얼마입니까?

$$㉠㉡ \times 0.㉢ = (자연수)$$

27 다음은 일정한 규칙으로 늘어놓은 수입니다. 규칙에 따라 18번째에 놓일 수를 ▲라 할 때 ▲×100의 값은 얼마입니까?

$$0.16 \quad 0.18 \quad 0.22 \quad 0.28 \quad 0.36 \ \cdots$$

28 유승이와 한솔이는 둘레가 8 km인 공원 둘레를 따라 자전거를 타려고 합니다. 유승이는 1분에 0.16 km를 가고 한솔이는 1분에 0.24 km를 가는 빠르기로 자전거를 탈 때 두 사람이 같은 곳에서 같은 방향으로 동시에 출발한 후 처음으로 다시 만나게 될 때까지 걸리는 시간은 몇 분 후입니까?

29 보기 에서 □ 안에는 150보다 크고 200보다 작은 어떤 세 자리의 자연수가 들어가고, ◇ 안에는 1보다 큰 소수 한 자리 수가 들어갑니다. 이때 □ 안에 들어갈 수는 얼마입니까?

보기
$$838.5 \div \square = \diamondsuit$$

30 어떤 수를 자연수 부분과 소수 부분으로 나누어 자연수 부분을 ■로, 소수 부분을 ▲로 나타내었습니다. 예를 들어 어떤 수가 13.56이라면 ■=13, ▲=0.56입니다. 어떤 수에서 9×■＋4×▲＝84라면 (■＋▲)×100은 얼마입니까?

교과서 기본 과정

01 수의 범위를 바르게 나타낸 것은 어느 것입니까?

$$1\frac{1}{2} \quad 2 \quad 2\frac{1}{3} \quad 3 \quad 3\frac{1}{3} \quad 4$$

① $1\frac{1}{2}$ 이상 4 미만인 수 ② $1\frac{1}{2}$ 초과 4 미만인 수

③ $1\frac{1}{2}$ 이상 4 이하인 수 ④ $1\frac{1}{2}$ 초과 4 이하인 수

⑤ $1\frac{1}{2}$ 이하 4 이상인 수

02 가영이는 728 cm의 끈이 필요하여 가게에 갔더니 끈을 1 m 단위로만 판매한다고 합니다. 몇 m의 끈을 사야 합니까?

03 5장의 숫자 카드를 한 번씩 모두 사용하여 가장 작은 다섯 자리 수를 만들었습니다. 이 수를 반올림하여 백의 자리까지 나타내었을 때, 백의 자리 숫자는 무엇입니까?

2   8   0   4   7

04 계산 결과가 나머지와 <u>다른</u> 하나는 어느 것입니까?

① $9 \times \dfrac{1}{6}$ ② $21 \times \dfrac{1}{14}$ ③ $12 \times \dfrac{1}{8}$

④ $15 \times \dfrac{1}{10}$ ⑤ $10 \times \dfrac{1}{15}$

05 민서는 전체 쪽수가 168쪽인 과학책을 사서 어제는 전체의 $\dfrac{3}{7}$을 읽었고, 오늘은 나머지의 $\dfrac{5}{6}$를 읽었습니다. 이틀 동안 읽은 과학책은 모두 몇 쪽입니까?

06 다음은 수직선 위에 12 × (진분수)의 계산 과정을 나타낸 것입니다. ㉠, ㉡에 알맞은 수를 순서대로 쓴 것은 어느 것입니까?

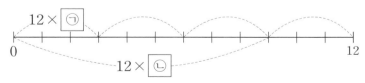

① $\dfrac{1}{3}$, $\dfrac{9}{12}$ ② $\dfrac{1}{3}$, $\dfrac{3}{4}$ ③ $\dfrac{1}{4}$, $\dfrac{3}{4}$

④ $\dfrac{1}{9}$, $\dfrac{3}{9}$ ⑤ $\dfrac{1}{12}$, $\dfrac{3}{12}$

07 선분 ㄱㄴ을 대칭축으로 하여 선대칭도형을 그리려고 합니다. 점 ㄹ의 대응점은 몇 번입니까?

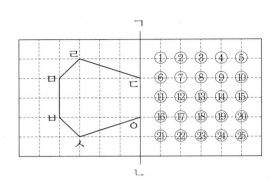

08 다음 도형 중에서 선대칭도형은 몇 개입니까?

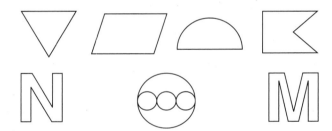

09 다음 그림에서 서로 합동인 삼각형은 모두 몇 쌍입니까?

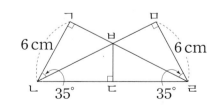

10 다음 중에서 계산 결과가 가장 큰 것은 어느 것입니까?

① 0.024×128　　② 0.24×128　　③ 24×12.8

④ 24×0.128　　⑤ 2.4×12.8

11 곱이 5보다 작은 식으로 알맞게 짝지은 것은 어느 것입니까?

> ㉠ 5×1.01　　㉡ 5×0.97
> ㉢ 4.99×0.99　　㉣ 5.1×1.001

① ㉠, ㉡　　　② ㉠, ㉣　　　③ ㉡, ㉢

④ ㉡, ㉣　　　⑤ ㉢, ㉣

12 어떤 수를 8로 나누었더니 몫이 1.35이고, 나머지가 0.2였습니다. 어떤 수는 얼마입니까?

교과서 응용 과정

13 규형이네 학교 학생 수는 1934명이고, 전체 학생들에게 공책을 2권씩 나누어 주려고 합니다. 올림하여 천의 자리까지 나타낸 학생 수의 2배 만큼 공책을 준비하면, 나누어 주고 남는 공책은 몇 권입니까?

14 사과를 30개씩 들어가는 상자에 모두 담으려면 상자는 최소한 12개가 필요합니다. 이때 처음에 있었던 사과의 개수는 ■개 이상 ▲개 이하라 고 할 때, ■＋▲의 값은 얼마입니까?

15 $2\frac{1}{4}$을 곱해도 자연수가 되고, $3\frac{3}{5}$을 곱해도 자연수가 되는 분수 중에 서 세 번째로 작은 분수를 기약분수로 나타내면 $\bigcirc\frac{\bigcirc}{\bigcirc}$입니다. 이때 $\bigcirc+\bigcirc+\bigcirc$의 값을 구하시오.

16 준성이는 한 달 용돈의 $\frac{3}{5}$을 저금하고, 남은 돈의 $\frac{5}{8}$로 학용품을 샀습니다. 저금한 돈과 학용품을 사는 데 사용한 돈의 합이 한 달 용돈의 $\frac{\bigcirc}{\bigcirc}$이라 할 때, $\bigcirc-\bigcirc$의 값은 얼마입니까? (단, $\frac{\bigcirc}{\bigcirc}$은 기약분수입니다.)

17 다음 중에서 두 삼각형이 반드시 합동이 되는 경우는 몇 가지입니까?

> • 대응하는 세 변의 길이가 각각 같을 때
> • 대응하는 세 각의 크기가 서로 같을 때
> • 넓이가 서로 같을 때
> • 둘레의 길이가 서로 같을 때
> • 대응하는 두 변의 길이와 그 끼인각의 크기가 각각 같을 때

18 삼각형 ㄱㄴㄷ과 삼각형 ㄹㄴㅂ은 합동입니다. 각 ㅂㅁㄷ의 크기는 몇 도입니까?

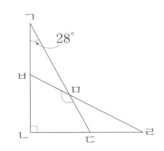

19 ㉠과 ㉡에 알맞은 수의 합은 얼마입니까?

$$
\begin{array}{r}
0\,.\,6\,\boxed{㉠} \\
\times\ 0\,.\,\boxed{㉡}\,8 \\
\hline
5\ \ 2\ \ 8 \\
3\ \ 3\ \ 0\ \ \ \ \\
\hline
0\,.\,3\ 8\ \ 2\ \ 8
\end{array}
$$

20 참기름 가게에 1분 동안 3.5 L의 참기름을 만드는 기계가 있습니다. 같은 빠르기로 이 기계 3대가 1시간 32분 동안 만들 수 있는 참기름은 모두 몇 L입니까?

교과서 심화 과정

21 수직선에 나타낸 수의 범위를 만족하는 소수 두 자리 수 중에서 각 자리 숫자의 합이 8이 되는 수는 모두 몇 개입니까?

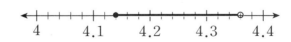

22 어떤 학교의 여학생 수는 남학생 수의 $\frac{4}{7}$입니다. 지금 운동장에서 놀고 있는 여학생 60명이 전체 여학생 수의 $\frac{1}{3}$이라면, 이 학교의 전체 학생은 몇 명입니까?

23 오른쪽 그림의 두 직각삼각형 ㄱㄴㄷ과 ㄱㄹㅁ은 서로 합동입니다. 선분 ㄴㅂ의 길이는 몇 cm입니까?

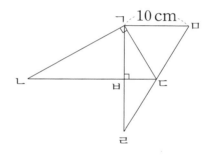

24 ㉮, ㉯, ㉰ 세 종류의 물건이 있습니다. ㉮의 무게는 ㉯의 무게의 2.5배보다 4 kg이 가볍고, ㉰의 무게의 4.3배보다 2.6 kg이 무겁다고 합니다. ㉰의 무게가 38 kg이라면, ㉯의 무게는 몇 kg입니까?

25 성냥개비 16개를 사용하여 합동인 정사각형이 5개가 되는 모양을 만들었습니다. 이 모양에서 성냥개비 2개를 옮겨 합동인 정사각형 4개가 되도록 만들려고 합니다. 옮겨야 하는 성냥개비의 번호를 찾아 두 번호의 합을 구하시오. (단, 성냥개비의 양 끝은 다른 성냥개비의 양 끝과 맞닿아야 하고 수직으로 만나야 합니다.)

창의 사고력 도전 문제

26 어떤 학교의 5학년 학생 수는 일의 자리에서 반올림하면 320명이라고 합니다. 연필 972자루를 학생들에게 3자루씩 나누어 주었을 때, 연필이 남았다면 최대 몇 자루 남았겠습니까?

27 지수, 민기, 정우는 각각 똑같은 액수의 돈을 내어 과자를 샀는데 지수, 민기, 정우는 각각 자기 용돈의 $\frac{2}{3}$, $\frac{3}{4}$, $\frac{3}{5}$ 을 내었습니다. 과자를 사기 전에 용돈을 가장 많이 가지고 있던 사람이 1200원을 가지고 있었다면, 가장 적게 가지고 있던 사람은 얼마를 가지고 있었습니까?

28 다음 [그림 ①]과 같은 직사각형 모양의 종이 테이프를 중앙선 ㅁㅂ에 맞추어 접어서, [그림 ②]와 같은 점대칭도형을 만들었습니다. [그림 ②]의 도형의 넓이가 112 cm²이고, 사각형 ㅅㅂㅇㅁ의 넓이가 64 cm²라면 [그림 ①]에서 선분 ㄱㄹ의 길이는 몇 cm입니까?

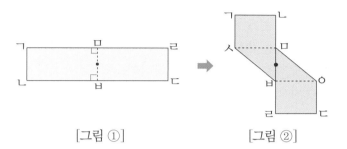

[그림 ①]　　　　　　[그림 ②]

29 두 종류의 막대 ㉮, ㉯가 있습니다. ㉮와 ㉯ 막대를 각각 4개씩 겹쳐지지 않게 이어 붙였더니 총 길이가 4.8 m가 되었습니다. ㉮ 막대의 길이가 ㉯ 막대 길이의 0.5배일 때, ㉮ 막대 한 개의 길이는 몇 cm입니까?

30 ㉮, ㉯, ㉰ 세 사람이 가지고 있는 구슬은 모두 49개입니다. ㉮가 ㉯와 ㉰에게 각각 구슬을 몇 개씩 주었더니 ㉯, ㉰의 구슬의 개수는 가지고 있던 구슬의 개수만큼씩 더 많아졌습니다. 그 다음에는 ㉯가 ㉮, ㉰에게 구슬을 각각 몇 개씩 주었더니 ㉮, ㉰의 구슬의 개수는 가지고 있던 구슬의 개수만큼씩 더 많아졌습니다. 마지막으로 ㉰가 ㉮, ㉯에게 각각 구슬을 몇 개씩 주었더니, ㉮, ㉯ 역시 가지고 있던 구슬의 개수만큼씩 더 많아졌습니다. 그 결과 ㉮의 구슬의 수는 ㉰의 $\frac{4}{5}$, ㉯의 구슬의 수는 ㉰의 $1\frac{7}{15}$이었습니다. 맨 처음에 ㉮는 몇 개의 구슬을 가지고 있었습니까?

교과서 기본 과정

01 다음 조건을 모두 만족하는 수는 무엇입니까?

- 세 자리 수입니다.
- 백의 자리 숫자는 5 이상 8 미만인 수입니다.
- 십의 자리 숫자는 2 이하입니다.
- 일의 자리 숫자는 8 이상 9 미만입니다.
- 각 자리 숫자의 합은 17입니다.

02 웅이네 마을 학생 수는 십의 자리에서 반올림하면 1700명입니다. 웅이네 마을 학생 수의 범위를 바르게 나타낸 것은 어느 것입니까?
① 1699명 이상 2699명 이하입니다.
② 1650명 이상 1750명 미만입니다.
③ 1600명 초과 2700명 이하입니다.
④ 1650명 초과 1750명 미만입니다.
⑤ 1700명 이상 2700명 이하입니다.

03 다음과 같은 숫자 카드를 한 번씩만 사용하여 가장 작은 다섯 자리 수를 만든 다음 올림하여 천의 자리까지 나타낼 때, 천의 자리 숫자는 무엇입니까?

4　0　8　2　9

04 명수는 가지고 있던 용돈 1600원 중에서 공책을 사는 데 전체의 $\frac{3}{4}$ 을 사용했습니다. 남은 금액은 얼마입니까?

05 색칠한 삼각형의 넓이는 몇 cm²입니까?

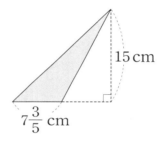

15 cm

$7\frac{3}{5}$ cm

06 □ 안에 들어갈 수가 같을 때, ㉮는 ㉯의 몇 배입니까?

$$\boxed{} \times \frac{1}{9} = ㉮, \quad \boxed{} \div 81 = ㉯$$

07 오른쪽 그림에서 삼각형 ㄱㄴㄷ과 삼각형 ㅁㄹㄷ은 합동입니다. 변 ㄷㅁ의 길이는 몇 cm입니까?

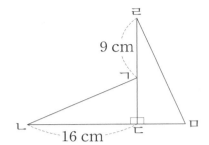

08 오른쪽 그림에서 삼각형 ㄴㄷㅁ과 삼각형 ㄹㄷㅁ은 합동입니다. 각 ㄴㄱㅁ의 크기는 몇 도입니까?

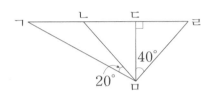

09 오른쪽 도형은 선분 ㅁㅂ을 대칭축으로 하는 선대칭도형입니다. 각 ㄴㄷㄹ의 크기는 몇 도입니까?

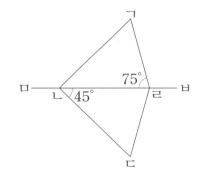

10 □ 안에 알맞은 수를 구하시오.

$$0.47 \times \boxed{} = 4.7$$

11 □ 안에 알맞은 수는 어느 것입니까?

$$24 \times 36 \times 115 = 99360$$
$$2.4 \times 0.36 \times 1.15 = \boxed{}$$

① 0.009936   ② 0.09936   ③ 0.9936

④ 9.936   ⑤ 99.36

12 다음은 각 행성에서 잰 몸무게가 지구에서 잰 몸무게의 몇 배인지를 나타낸 표입니다.

수성	금성	지구	화성	천왕성
0.38	0.95	1	0.53	0.88

㉠, ㉡ 안에 알맞은 행성이 무엇인지 차례로 쓴 것은 어느 것입니까?

지구에서 몸무게가 50 kg이라면 ㉠에서 몸무게를 재면 약 25 kg이고, ㉡에서 몸무게를 재면 약 20 kg일 것입니다.

① 화성, 금성   ② 화성, 수성   ③ 금성, 천왕성

④ 금성, 수성   ⑤ 화성, 천왕성

교과서 응용 과정

13 22 초과 64 미만인 자연수와 29 이상 67 이하인 자연수가 있습니다. 두 수의 범위에 공통으로 속하는 자연수는 모두 몇 개입니까?

14 다음 세 조건을 모두 만족하는 수는 몇 개입니까?

- 이 수는 8의 배수입니다.
- 이 수는 100 이상 170 미만인 자연수입니다.
- 이 수를 반올림하여 백의 자리까지 나타내면 200입니다.

15 다음은 $3\frac{1}{6}$과 $8\frac{3}{4}$ 사이를 5등분 하여 나타낸 것입니다. ★이 나타내는 수를 기약분수 $\bigcirc\frac{\textcircled{\tiny ㄷ}}{\textcircled{\tiny ㄴ}}$으로 나타내었을 때, $\bigcirc+\textcircled{\tiny ㄴ}+\textcircled{\tiny ㄷ}$은 얼마입니까?

16 다음 중에서 $\dfrac{1021}{1257}$ 과 곱하였을 때, 그 곱이 $\dfrac{1021}{1257}$ 보다 큰 것으로만 이루어진 것은 어느 것입니까?

① $\dfrac{3572}{4591}$, $\dfrac{1358}{1257}$, 5 ② $1\dfrac{123}{4359}$, $\dfrac{3723}{3721}$, 2

③ $\dfrac{1000}{1649}$, $\dfrac{100}{1000}$, $1\dfrac{1}{2}$ ④ $\dfrac{2761}{3685}$, $3\dfrac{1}{4723}$, 100

⑤ $\dfrac{2458}{3675}$, $1\dfrac{4}{2495}$, 1000

17 오른쪽 그림과 같이 삼각형 ㄱㄷㅁ을 합동인 삼각형 4개로 나누었을 때, 각 ㄱㅂㄹ의 크기는 몇 도입니까?

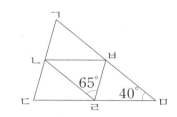

18 오른쪽 그림은 직사각형 모양의 종이를 대각선으로 접은 것입니다. 색칠한 삼각형의 둘레는 몇 cm입니까?

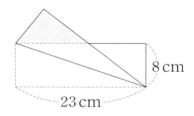

8 cm

23 cm

19 그림과 같이 길이가 3.86 m인 색 테이프 4장을 0.48 m씩 겹쳐지도록 연결하였습니다. 연결한 색 테이프의 전체 길이는 몇 m입니까?

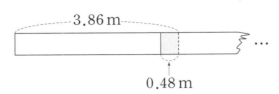

3.86 m

0.48 m

20 유승이네 학교의 전체 학생 수는 1200명입니다. 그중에서 5학년 학생 수는 전체 학생 수의 0.3입니다. 5학년 학생 수의 0.35가 수학을 좋아한다면 수학을 좋아하는 5학년 학생은 몇 명입니까?

창의 사고력 도전 문제

21 천의 자리 숫자와 백의 자리 숫자가 지워진 다섯 자리 수가 있습니다. 이 수를 올림하였더니 34900이 되었습니다. ■, ●에 알맞은 숫자를 찾아 ■＋●의 값을 구하시오.

3■●07

22 다음 식의 계산 결과가 자연수가 되도록 ㉠과 ㉡이 될 수 있는 수를 (㉠, ㉡)으로 나타내면 모두 몇 쌍입니까? (단, ㉠과 ㉡은 1보다 크고 20보다 작은 자연수입니다.)

$$\frac{3}{8} \times ㉠ \times \frac{1}{㉡}$$

23 오른쪽 그림과 같은 직사각형 ㄱㄴㄷㄹ을 점 ㅇ을 대칭의 중심으로 하는 점대칭도형으로 만들었을 때, 이 점대칭도형의 둘레의 길이는 몇 cm입니까?

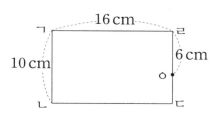

24 보기와 같은 방법으로 ♥와 ★이 들어 있는 식을 계산할 때, □ 안에 알맞은 수에서 소수 둘째 자리의 숫자는 무엇입니까?

보기
> ㉮♥2＝㉮＋㉮   ㉮★2＝㉮×㉮

$$(0.82♥2) \times (1.8★2) = \boxed{}$$

25 보기와 같은 방법을 이용하여 A를 계산하시오.

보기

$$1 \times 2 = \frac{1}{3} \times (1 \times 2 \times 3)$$

$$2 \times 3 = \frac{1}{3} \times (2 \times 3 \times 4 - 1 \times 2 \times 3)$$

$$3 \times 4 = \frac{1}{3} \times (3 \times 4 \times 5 - 2 \times 3 \times 4)$$

$$A = 1 \times 2 + 2 \times 3 + 3 \times 4 + \cdots + 13 \times 14$$

창의 사고력 도전 문제

26 세 자리 자연수 A, B, C가 다음 조건을 모두 만족할 때, 자연수 C의 값을 구하시오.

조건

• A는 B보다 6만큼 더 작은 수입니다.
• C는 B보다 15만큼 더 큰 수입니다.
• 세 수 A, B, C의 합을 올림, 버림, 반올림하여 십의 자리까지 나타내면 각각 650, 640, 640입니다.

27 어떤 농장에서 소와 돼지를 키우고 있습니다. 소의 마릿수의 $\frac{1}{6}$, $\frac{1}{7}$, $\frac{1}{8}$의 합은 돼지의 마릿수와 같습니다. 소가 200마리를 넘지 않는다면 돼지는 모두 몇 마리입니까?

28 합동인 정삼각형 5개 중 4개 또는 5개를 변끼리 맞닿게 이어 붙여 도형을 만들려고 합니다. 만들 수 있는 도형 중 선대칭도형은 모두 몇 가지입니까? (단, 뒤집거나 돌려서 같은 모양은 한 가지로 생각합니다.)

29 현재 1년은 365일로 하고 있지만 정확하게는 365.2422일입니다. 이러한 차이를 없애기 위해 400년 동안 97년은 1일의 윤일을 두어 366일로, 나머지 303년은 365일로 지냅니다. 400년 동안 1년을 365.2422일로 정확하게 계산한 날수와 윤일을 두어 계산한 날수의 차이를 구하면 ㉠일이고, 시간으로 나타내면 ㉡시간입니다. 이때 ㉠+㉡의 값을 구하시오.

30 ■ > ▲일 때, $\dfrac{1}{▲ \times ■} = \dfrac{1}{■ - ▲} \times \left(\dfrac{1}{▲} - \dfrac{1}{■} \right)$임을 이용하여 다음을 계산하시오.

$$\left(\frac{1}{3} + \frac{1}{15} + \frac{1}{35} + \frac{1}{63} + \cdots + \frac{1}{483} \right) \times 23$$

교과서 기본 과정

01 30 초과 50 미만인 수가 <u>아닌</u> 것은 어느 것입니까?

① 35   ② 40   ③ 42.5

④ $45\frac{1}{2}$ ⑤ 50

02 일의 자리 숫자가 8, 소수 둘째 자리의 숫자가 4인 소수 중에서 8.5 이상 8.94 미만인 소수 두 자리 수는 모두 몇 개입니까?

03 웅이와 석기는 주민이 1342명인 마을에 살고 있습니다. 주민의 수를 나타낼 때, 웅이는 올림하여 백의 자리까지 나타내었고, 석기는 반올림하여 백의 자리까지 나타내었습니다. 두 사람이 나타낸 주민의 수의 차는 몇 명입니까?

04   □ 안에 알맞은 수는 얼마입니까?

$$\frac{2}{3} \times \frac{5}{8} \times \frac{3}{10} = \frac{1}{\square}$$

05   어떤 수에 5를 곱한 다음 6으로 나누었더니 $8\frac{1}{3}$ 이 되었습니다. 어떤 수를 구하시오.

06   다음 중 가장 긴 색 테이프를 가지고 있는 학생은 누구입니까?

- 용희는 $4\frac{7}{16}$ m를 가지고 있습니다.
- 영수는 50 m의 $\frac{1}{12}$ 을 가지고 있습니다.
- 한초는 4 m를 가지고 있습니다.
- 석기는 $\frac{19}{4}$ m를 가지고 있습니다.
- 예슬이는 27 m의 $\frac{1}{6}$ 을 가지고 있습니다.

① 용희   ② 영수   ③ 한초
④ 석기   ⑤ 예슬

07 다음 두 도형은 서로 합동입니다. □ 안에 알맞은 각의 크기는 몇 도입니까?

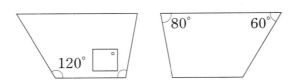

08 두 사각형은 합동입니다. 사각형 ㄱㄴㄷㄹ의 둘레의 길이가 56 cm라면, 변 ㄱㄹ의 길이는 몇 cm입니까?

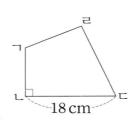 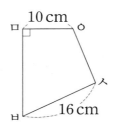

09 두 선대칭도형에서 찾을 수 있는 대칭축은 모두 몇 개입니까?

10 계산 결과의 소수점 아래 자릿수가 <u>다른</u> 하나는 어느 것입니까?

① 0.23×0.7　　　② 0.66×0.8　　　③ 0.52×0.4

④ 0.246×3　　　⑤ 0.09×0.75

11 어떤 수에 2.17을 곱해야 하는 것을 잘못하여 0.0217을 곱했습니다. 바르게 계산한 답은 잘못 계산한 답의 몇 배입니까?

12 오른쪽 곱셈식에서 ●, ★, ◆, ♥, ♣를 모두 더하면 얼마입니까?

$$
\begin{array}{r}
6.\bullet \\
\times\ \ \bigstar.8 \\
\hline
5\,2\,8 \\
2\,\blacklozenge\,4\ \ \\
\hline
3\,\heartsuit.6\,\clubsuit
\end{array}
$$

교과서 응용 과정

13 세 자리 수 ㄱㄴㄷ을 일의 자리에서 반올림하면 240이 되고, 올림하여 십의 자리까지 나타내면 250이 된다고 합니다. ㄴ에 알맞은 숫자는 무엇입니까?

14 다음 계산에서 몫을 반올림하여 소수 첫째 자리까지 나타낸 값을 ㉠, 몫을 반올림하여 소수 둘째 자리까지 나타낸 값을 ㉡이라 할 때, (㉠+㉡)×100은 얼마입니까?

$$17 \div 7$$

15 1분에 각각 $\frac{4}{5}$ L, $1\frac{3}{10}$ L씩 물이 나오는 2개의 수도꼭지가 있습니다. 두 수도꼭지를 동시에 틀어서 2분 5초 동안 물을 받으면 모두 $㉠\frac{㉢}{㉡}$ L 의 물을 받을 수 있습니다. 이때 ㉠+㉡+㉢의 최솟값을 구하시오.

16 색칠된 부분의 넓이를 구하는 식으로 알맞은 것은 어느 것입니까?

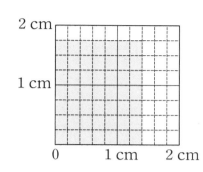

① $1\dfrac{1}{2} \times 7 = 10\dfrac{1}{2} \, (\text{cm}^2)$

② $\dfrac{1}{6} \times 5 = \dfrac{5}{6} \, (\text{cm}^2)$

③ $1\dfrac{2}{5} \times 1\dfrac{3}{4} = 2\dfrac{9}{20} \, (\text{cm}^2)$

④ $1\dfrac{2}{5} \times 2 = 2\dfrac{4}{5} \, (\text{cm}^2)$

⑤ $1\dfrac{3}{5} \times 1\dfrac{1}{3} = 2\dfrac{2}{15} \, (\text{cm}^2)$

17 오른쪽 그림과 같이 직사각형 ㄱㄴㄷ
ㄹ을 접어서 삼각형 ㄱㅁㅂ과 삼각형
ㄷㅁㄹ이 합동이 되도록 하였습니다.
삼각형 ㄱㄷㅁ의 넓이는 몇 cm²입니
까?

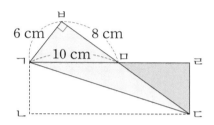

18 오른쪽 그림과 같이 합동인 두 삼각형
을 한 변이 겹치게 놓았습니다.
각 ㄴㄱㄷ의 크기는 75°, 각 ㄱㄴㄷ의
크기는 65°일 때 각 ㄱㄴㄹ의 크기는
몇 도입니까?

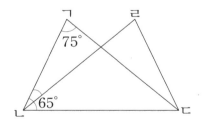

19 ㉠은 ㉡의 몇 배입니까?

$$11.11 \times ㉠ = 333.3 \qquad 123 \times ㉡ = 12.3$$

20 색칠한 부분의 넓이는 몇 cm²입니까?

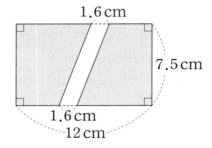

1.6 cm

7.5 cm

1.6 cm

12 cm

교과서 심화 과정

21 다음 조건을 모두 만족하는 수 중 가장 큰 수와 가장 작은 수의 차를 구하시오.

> ㉠ 30000 초과 70000 미만인 수이고, 만의 자리 숫자는 5 이상입니다.
> ㉡ 천의 자리 숫자는 가장 작은 숫자입니다.
> ㉢ 백의 자리 숫자는 2 이상 7 이하이고 3으로 나누어떨어집니다.
> ㉣ 십의 자리 숫자는 백의 자리 숫자의 3배입니다.
> ㉤ 버림하여 만의 자리까지 나타내면 50000입니다.

22 다음 그림은 진수네 집에서 학교까지의 거리를 나타낸 것입니다. ㉮, ㉯, ㉰, ㉱의 거리가 다음과 같을 때, ㉱는 몇 m입니까?

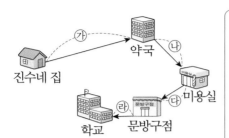

- ㉮는 200 m입니다.
- ㉯는 ㉮의 $\frac{2}{5}$입니다.
- ㉰는 ㉯의 $\frac{3}{4}$입니다.
- ㉰는 (㉮+㉯+㉰+㉱)의 $\frac{3}{19}$입니다.

23 오른쪽 그림에서 삼각형 ㄱㄴㄷ과 삼각형 ㄹㅁㄷ은 서로 합동인 이등변삼각형입니다. 각 ㉠은 몇 도입니까?

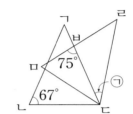

24 연속하는 세 개의 소수 한 자리 수를 곱한 결과가 4□.□4일 때, □ 안에 들어갈 숫자들의 합을 구하시오.

25 하루에 $2\frac{1}{4}$분씩 늦어지는 시계가 있습니다. 이 시계를 오늘 오전 9시에 정확하게 맞추었습니다. 일주일 후 오전 9시에 이 시계가 가리키고 있는 시각이 오전 ㉠시 ㉡분 ㉢초일 때, ㉠×㉢−㉡은 얼마입니까?

창의 사고력 도전 문제

26 신영이네 학교 5학년 학생 150명 중 남자 형제가 있는 학생은 90명 이상 120명 이하이고, 여자 형제가 있는 학생은 40명 이상 68명 이하입니다. 여자 형제는 없고 남자 형제만 있는 학생은 최소 ㉠명에서 최대 ㉡명이라고 할 때, ㉠+㉡은 얼마입니까?

27 어떤 기약분수 ㉮와 $\frac{9}{25}$가 있습니다. 이 두 분수의 차가 두 분수의 곱과 같을 때, 어떤 기약분수 ㉮가 될 수 있는 모든 수의 합은 $\frac{㉡}{㉠}$입니다. 이때 ㉠+㉡의 최솟값은 얼마입니까?

28 오른쪽 정사각형 모양의 종이를 점선을 따라 잘라 넓이가 4 cm²인 4개의 합동인 도형으로 나누려고 합니다. 합동인 도형은 모두 몇 종류 만들 수 있습니까?

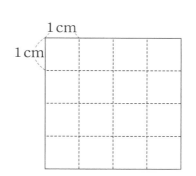

1 cm
1 cm

⓪	⓪
①	①	①
②	②	②
③	③	③
④	④	④
⑤	⑤	⑤
⑥	⑥	⑥
⑦	⑦	⑦
⑧	⑧	⑧
⑨	⑨	⑨

29 다음 곱셈식의 계산 결과는 소수 몇 자리 수가 되는지 구하시오.

$$0.01 \times 0.02 \times 0.03 \times \cdots \times 0.23 \times 0.24 \times 0.25$$

⓪	⓪
①	①	①
②	②	②
③	③	③
④	④	④
⑤	⑤	⑤
⑥	⑥	⑥
⑦	⑦	⑦
⑧	⑧	⑧
⑨	⑨	⑨

30 두 기약분수 $\dfrac{19}{㉮}$와 $\dfrac{㉯}{38}$가 있습니다. 이 두 분수의 곱은 $\dfrac{5}{14}$입니다. ㉮가 될 수 있는 수의 합을 A, ㉯가 될 수 있는 수의 합을 B라 할 때 A와 B의 차를 구하시오. $\left(\text{단, } \dfrac{19}{㉮}, \dfrac{㉯}{38} \text{는 진분수입니다.}\right)$

⓪	⓪
①	①	①
②	②	②
③	③	③
④	④	④
⑤	⑤	⑤
⑥	⑥	⑥
⑦	⑦	⑦
⑧	⑧	⑧
⑨	⑨	⑨

교과서 기본 과정

01 □ 안에 알맞은 말을 차례로 나타낸 것은 어느 것입니까?

> 50과 같거나 큰 수를 50 □ 인 수라 하고 60과 같거나 작은 수를 60 □ 인 수라고 합니다.

① 이상, 초과   ② 이상, 미만   ③ 이상, 이하
④ 초과, 미만   ⑤ 초과, 이하

02 올림하여 백의 자리까지 나타낼 때 3700이 되는 자연수는 모두 몇 개입니까?

03 어떤 학교의 5학년 학생 수를 조사하여 십의 자리에서 반올림하였더니 700명이었습니다. 이 학교 5학년 학생 수는 최대 몇 명으로 생각할 수 있습니까?

04 다음이 나타내는 수는 얼마입니까?

$$125의\ 1\frac{14}{25}\ 배$$

05 □ 안에 들어갈 수 있는 한 자리 자연수는 모두 몇 개입니까?

$$\frac{1}{8} \times \frac{1}{\boxed{}} < \frac{1}{52}$$

06 형은 2000원을 용돈으로 받았고, 누나는 형이 받은 용돈의 $1\frac{1}{4}$배를, 나는 누나가 받은 용돈의 $\frac{3}{10}$배를 용돈으로 받았습니다. 내가 받은 용돈은 얼마입니까?

07 서로 합동인 도형을 짝지은 것입니다. <u>잘못</u> 짝지은 것은 어느 것입니까?

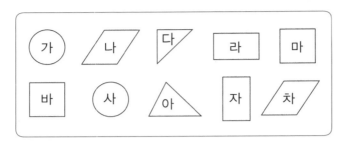

① 가-사   ② 나-차   ③ 다-아

④ 라-자   ⑤ 마-바

08 다음 그림에서 삼각형 ㄱㄴㄷ과 삼각형 ㄹㅁㅂ은 합동입니다. 삼각형 ㄹㅁㅂ의 둘레는 몇 cm입니까?

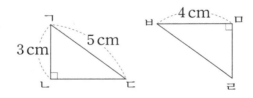

09 오른쪽 마름모를 점선을 따라 접었을 때, 접은 도형이 완전히 겹치는 경우는 어느 점선으로 접은 것입니까?

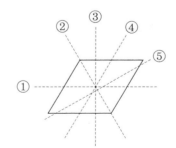

10 ㉠에 알맞은 수는 무엇입니까?

$$㉠ \times 0.001 = 0.58$$

11 □ 안에 들어갈 수가 <u>다른</u> 하나는 어느 것입니까?

① $28 \times □ = 0.28$　　② $0.34 \times □ = 0.0034$

③ $□ \times 0.76 = 0.076$　　④ $1.5 \times □ = 0.015$

⑤ $□ \times 20 = 0.2$

12 다음 계산에서 ㉠은 ㉡의 몇 배입니까?

$$㉠ \ 5.2 \times 356 \quad ㉡ \ 0.52 \times 35.6$$

교과서 응용 과정

13 53000 kg의 화물을 6 t까지 실을 수 있는 트럭으로 운반하려고 합니다. 한 번 운반하는 비용이 25000원일 때, 화물을 모두 운반하려면 얼마의 비용이 듭니까?

① 200000원　　　② 220000원　　　③ 225000원

④ 230000원　　　⑤ 235000원

14 어떤 학교의 5학년 학생 수는 일의 자리에서 반올림하면 340명이라고 합니다. 연필 700자루를 학생들에게 2자루씩 나누어 주었을 때, 연필이 남았다면 최대 몇 자루 남았겠습니까?

15 □ 안에 들어갈 수 있는 자연수들의 합을 구하시오.

$$\frac{1}{4} \times \frac{1}{5} \times \frac{1}{\square} > \frac{1}{20} \times \frac{1}{3}$$

16 다음 ㉠과 ㉡ 중에서 더 큰 수를 ★$\frac{▲}{■}$로 나타낼 때, ★+▲+■는 얼마입니까? (단, $\frac{▲}{■}$는 기약분수입니다.)

$$\frac{4}{5} \times 3\frac{2}{3} \times \frac{5}{8} = ㉠, \quad \frac{3}{4} \times 3\frac{1}{2} \times \frac{6}{7} = ㉡$$

	⓪	⓪
①	①	①
②	②	②
③	③	③
④	④	④
⑤	⑤	⑤
⑥	⑥	⑥
⑦	⑦	⑦
⑧	⑧	⑧
⑨	⑨	⑨

17 오른쪽 그림은 점 ㅇ을 대칭의 중심으로 하는 점대칭도형의 일부분입니다. 점대칭도형을 완성했을 때, 완성한 도형의 전체 넓이를 구하시오.

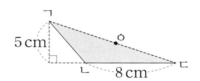

	⓪	⓪
①	①	①
②	②	②
③	③	③
④	④	④
⑤	⑤	⑤
⑥	⑥	⑥
⑦	⑦	⑦
⑧	⑧	⑧
⑨	⑨	⑨

18 오른쪽 그림에서 삼각형 ㄱㄴㄷ과 삼각형 ㄹㄷㄴ은 합동입니다. 각 ㄴㅁㄷ의 크기는 몇 도입니까?

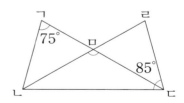

	⓪	⓪
①	①	①
②	②	②
③	③	③
④	④	④
⑤	⑤	⑤
⑥	⑥	⑥
⑦	⑦	⑦
⑧	⑧	⑧
⑨	⑨	⑨

19 길이가 각각 2.3 m인 종이테이프 9개를 0.3 m씩 겹치게 이어서 그림과 같은 띠를 만들었습니다. 띠의 길이는 몇 m입니까?

20 1시간에 84 km의 빠르기로 달리는 자동차가 있습니다. 이와 같은 빠르기로 쉬지 않고 2시간 45분을 달린 거리는 몇 km입니까?

교과서 심화 과정

21 소포 우편물 요금과 학생들이 보낼 소포 우편물 무게가 각각 다음과 같습니다. 빠른 소포로 보낼 때, 소포 우편물 요금으로 4000원을 내야 하는 사람은 몇 명입니까?

소포 우편물 요금

무게	보통 소포	빠른 소포
2 kg 이하	1500원	2500원
2 kg 초과 5 kg 이하	2000원	3000원
5 kg 초과 10 kg 이하	3000원	4000원

지혜 : 3.2 kg	가영 : 4 kg	상연 : 1.7 kg
한솔 : 1.3 kg	석기 : 5 kg	신영 : 4.2 kg
규형 : 9 kg	효근 : 13 kg	

22 지혜네 학교에서는 공던지기를 하기 위해 운동장에 오른쪽과 같이 78 m인 전체 길이를 4등분 하여 선을 그었습니다. 지혜가 던진 공이 공 던지는 곳으로부터 ㉠의 $\frac{1}{3}$이 되는 지점에 떨어졌다면, 지혜는 공을 몇 m 던졌습니까?

78 m

공 던지는 곳

㉠

23 밑변을 25 cm로 하고, 그 양 끝각으로 다음에서 2개의 각을 골라 삼각형을 그리려고 합니다. 모두 몇 가지의 삼각형을 그릴 수 있습니까?

108°, 97°, 75°, 40°, 80°, 135°, 162°

24 다음 식을 만족시키는 ㉠, ㉡, ㉢, ㉣은 1부터 9까지의 숫자 중 서로 다른 숫자입니다. ㉠.㉡+㉢.㉣=㉮일 때 ㉮×10의 값을 구하시오.

㉠.㉡－㉢.㉣=2.1
㉠.㉡×㉢.㉣=11.5

25 어떤 소수 두 자리 수 ㉮는 자연수 부분이 5입니다. ㉮의 소수 부분과 ㉮를 0.1배 한 수의 소수 부분의 합이 1.325일 때, ㉮의 100배는 얼마입니까?

	0	0
①	①	①
②	②	②
③	③	③
④	④	④
⑤	⑤	⑤
⑥	⑥	⑥
⑦	⑦	⑦
⑧	⑧	⑧
⑨	⑨	⑨

[창의 사고력 도전 문제]

26 어느 학교 남학생 수를 올림하여 십의 자리까지 나타내면 830명이고 여학생 수를 반올림하여 십의 자리까지 나타내면 790명입니다. 이 학교 학생들에게 연필을 4자루씩 나누어 주려면 준비해야 할 연필은 적어도 몇 타입니까?

	0	0
①	①	①
②	②	②
③	③	③
④	④	④
⑤	⑤	⑤
⑥	⑥	⑥
⑦	⑦	⑦
⑧	⑧	⑧
⑨	⑨	⑨

27 어떤 쌀 가게 주인은 창고에 있는 쌀을 다음과 같은 방법으로 팔기로 하였습니다.

> • 첫째 날에는 창고에 있는 쌀의 $\frac{1}{50}$을 팝니다.
>
> • 둘째 날에는 전날 남은 것의 $\frac{1}{49}$을 팝니다.
>
> • 셋째 날에는 전날 남은 것의 $\frac{1}{48}$을 팝니다.
>
> • 넷째 날에는 전날 남은 것의 $\frac{1}{47}$을 팝니다.
>
> ⋮

이렇게 규칙적으로 49일째까지 팔았더니 13가마니의 쌀이 남았습니다. 처음 창고에는 쌀이 몇 가마니 있었습니까?

	0	0
①	①	①
②	②	②
③	③	③
④	④	④
⑤	⑤	⑤
⑥	⑥	⑥
⑦	⑦	⑦
⑧	⑧	⑧
⑨	⑨	⑨

28 오른쪽 그림과 같은 마름모를 남는 부분이 없이 잘라서 합동인 정삼각형 72개를 만들려고 합니다. 합동인 정삼각형의 한 변의 길이는 몇 cm입니까?

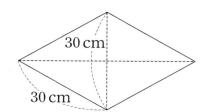

30 cm

30 cm

	⓪	⓪
①	①	①
②	②	②
③	③	③
④	④	④
⑤	⑤	⑤
⑥	⑥	⑥
⑦	⑦	⑦
⑧	⑧	⑧
⑨	⑨	⑨

29 규칙에 따라 늘어놓은 소수들의 합을 ㉮라고 할 때 ㉮의 각 자리의 숫자의 합은 얼마입니까?

$$0.542, 0.544, 0.546, \cdots, 0.614, 0.616$$

	⓪	⓪
①	①	①
②	②	②
③	③	③
④	④	④
⑤	⑤	⑤
⑥	⑥	⑥
⑦	⑦	⑦
⑧	⑧	⑧
⑨	⑨	⑨

30 다음과 같이 소수를 배열할 때 위에서 ㉠번째 줄, 왼쪽에서 ㉡번째에 있는 수를 (㉠, ㉡)으로 나타내기로 합니다. 예를 들면, (4, 3)은 위에서 네 번째 줄, 왼쪽에서 세 번째에 있는 수로 3.6을 나타냅니다. 이때, (19, 14)로 나타내어지는 수는 얼마입니까?

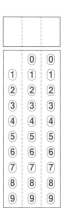

```
                0.4
             0.8   1.2
          1.6   2   2.4
       2.8   3.2   3.6   4
    4.4   4.8   5.2   5.6   6
                 ⋮
```

KMA 최종 모의고사 1회

부록에 있는 OMR 카드를 사용해 보세요.

교과서 기본 과정

01 올림하여 백의 자리까지 나타낼 때 700이 되지 않는 수는 어느 것입니까?

( )

① 601 ② 610 ③ 650
④ 700 ⑤ 703

02 다음 수 중에서 50 이상 70 미만인 수는 몇 개입니까?

40	49.2	50	$52\frac{1}{3}$	80	85
52.3	64	70	72	79	89.5

( )개

03 수 14685를 백의 자리에서 반올림한 값과 버림하여 백의 자리까지 나타낸 값의 차는 얼마입니까?

( )

04 계산 결과가 가장 큰 것은 어느 것입니까? (   )

① $\frac{1}{4}$씩 5번 더한 수   ② $\frac{1}{3}+\frac{1}{3}+\frac{1}{3}$ ③ $\frac{1}{6}\times5$

④ $\frac{2}{8}\times3$ ⑤ $\frac{2}{9}+\frac{2}{9}+\frac{2}{9}+\frac{2}{9}$

05 다음 중 계산 결과가 $3\frac{4}{7}\times2$와 <u>다른</u> 것은 어느 것입니까? (   )

① $3\frac{4}{7}+3\frac{4}{7}$ ② $\frac{25}{7}\times2$ ③ $3+\frac{4\times2}{7}$

④ $6+\frac{4\times2}{7}$ ⑤ $(3\times2)+\left(\frac{4}{7}\times2\right)$

06 연필 한 자루의 무게는 $4\frac{3}{8}$ g입니다. 똑같은 연필 2타의 무게는 몇 g입니까?

(   )g

07 다음에서 합동이 되는 경우를 알맞게 고른 것은 어느 것입니까? (   )

> ㉮ 둘레가 같은 두 삼각형
> ㉯ 둘레가 같은 두 정삼각형
> ㉰ 둘레가 같은 두 이등변삼각형

① ㉮   ② ㉯   ③ ㉰
④ ㉮, ㉯   ⑤ ㉮, ㉯, ㉰

08 다음 그림에서 삼각형 ㄱㄴㄷ과 삼각형 ㅁㄷㄹ은 서로 합동입니다. 각 ㄱㄷㅁ의 크기는 몇 도입니까? (단, 점 ㄴ, 점 ㄷ, 점 ㄹ은 한 직선 위에 있습니다.)

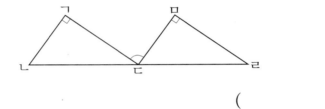

(   )°

09 오른쪽 도형은 선분 ㄱㄴ을 대칭축으로 하는 선대칭도형입니다. 각 ㉮의 크기는 몇 도입니까?

(   )°

118°

32°

10 계산 결과가 소수 세 자리 수인 것은 어느 것입니까? (   )

  ① 0.27×34 ② 0.09×15 ③ 0.008×16

  ④ 0.6×42 ⑤ 0.3×21

11 다음 나눗셈에서 ㉠에 알맞은 수는 어느 것입니까? (   )

$$㉠ \div 0.74 = 1.65$$

  ① 1.481 ② 1.221 ③ 1.245

  ④ 12.2 ⑤ 18.21

12 어떤 수를 7로 나누었더니 몫이 0.28이고, 나머지가 0.04였습니다. 어떤 수는 얼마입니까?

(   )

교과서 응용 과정

13 다음 수의 범위 ㉮와 ㉯에 공통으로 들어가는 자연수는 모두 몇 개입니까?

> ㉮ 65 이상 80 미만인 수   ㉯ 75 초과 90 이하인 수

(   )개

14 양계장에서 달걀 684개를 한 판에 30개씩 담아서 한 판에 4000원씩 판다고 합니다. 달걀을 판 돈을 모두 만 원짜리 지폐로 바꾼다면 만 원짜리 지폐는 최대 몇 장이 되겠습니까?

(   )장

15 어느 날 미술관에 입장한 사람은 모두 960명이었습니다. 그중 $\frac{11}{16}$ 은 여자이고 남자의 $\frac{4}{15}$ 와 여자의 $\frac{13}{22}$ 은 어린이였습니다. 이 날 미술관에 입장한 사람 중에서 어린이는 몇 명입니까?

(   )명

16 $7\frac{1}{8}$의 $4\frac{2}{3}$배와 $1\frac{19}{30}$의 $\frac{9}{14}$의 차를 기약분수로 나타내면 ㉠$\frac{\text{㉢}}{\text{㉡}}$일 때 ㉠+㉡+㉢은 얼마입니까?

( )

17 오른쪽 그림과 같이 직사각형 ㄱㄴㄷㄹ을 대각선 ㄴㄹ을 접는 선으로 하여 접었습니다. 직사각형 ㄱㄴㄷㄹ의 넓이는 몇 cm^2입니까?

( ) cm^2

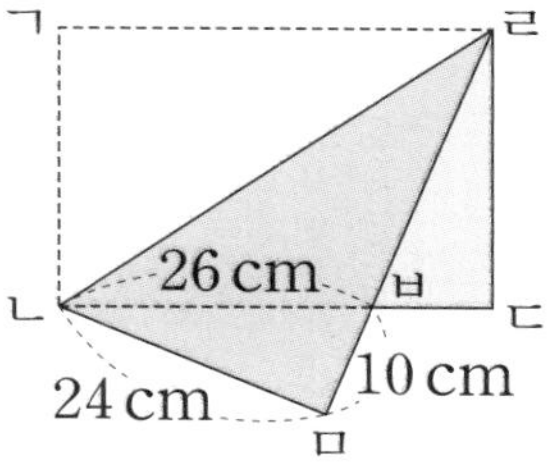

18 오른쪽 도형은 선대칭도형이면서 점대칭도형입니다. 도형의 둘레가 36 cm일 때 변 ㄷㄹ의 길이는 몇 cm입니까?

( ) cm

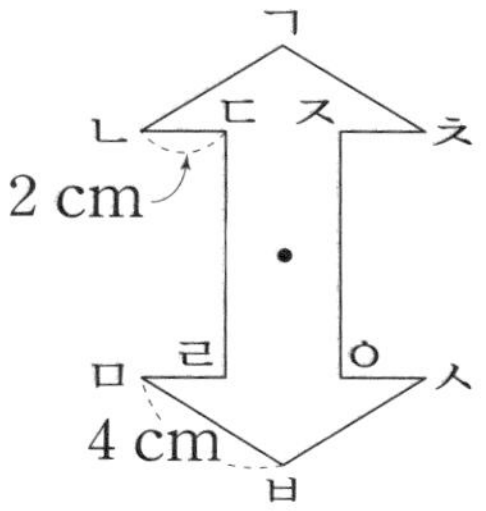

19 한 자루의 무게가 4.05 g, 5.95 g인 연필이 각각 12자루씩 있습니다. 이 연필 전체의 무게는 몇 g입니까?

(   ) g

20 다음에서 □ 안에 알맞은 수는 무엇입니까?

$$2.3 \times 78.93 + 1.7 \times 78.93 + 3.8 \times 78.93 + 2.2 \times 78.93$$
$$= \boxed{} \times 78.93$$

(   )

교과서 심화 과정

21 무게가 서로 다른 호박이 3개 있습니다. 이 중에서 2개씩 짝지어 저울로 달았더니 각각 22.5 kg, 24.2 kg, 27.3 kg이었습니다. 가장 무거운 호박의 무게를 소수 첫째 자리에서 반올림하면 몇 kg입니까?

(   ) kg

22 길이가 $4\frac{3}{5}$ m, $2\frac{2}{5}$ m, $1\frac{4}{5}$ m인 세 개의 색 테이프를 겹쳐서 한 줄로 길게 이어 붙였을 때, 그 길이가 8 m였습니다. 겹쳐진 부분의 길이를 같게 했다면 몇 cm씩 겹쳐서 붙인 것입니까?

(   ) cm

23 오른쪽 그림에서 삼각형 ㄱㄴㄷ과 삼각형 ㄴㄹㅁ이 합동일 때, 사각형 ㄱㄷㅁㄹ의 넓이는 몇 cm²입니까?

(   ) cm²

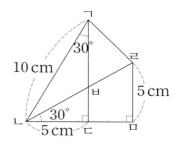

24 3장의 숫자 카드 5, 0, 2 를 모두 사용하여 소수 두 자리 수를 만들려고 합니다. 이때 7.80과 같이 소수 둘째 자리에 0이 있는 수는 소수 한 자리 수로 본다면 ㉠＋㉡은 얼마입니까?

> 민수 : 나는 가장 큰 수를 만들었어.
> 지우 : 나는 가장 작은 수를 만들었어.
> 서은 : 민수와 지우가 만든 수를 곱하니 ☐.㉠㉡☐ 가 되네.
> 민수 : 계산기로 확인해 보니 서은이의 계산이 정확하네.

(   )

25 ㉠, ㉡, ㉢, ㉣은 서로 다른 숫자이고, 같은 기호는 같은 숫자를 나타냅니다. 다음 식을 만족하는 ㉠, ㉡, ㉢, ㉣에 대하여 ㉠+㉡+㉢+㉣의 값은 얼마입니까?

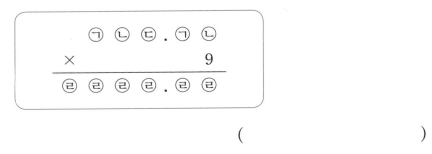

(   )

창의 사고력 도전 문제

26 네 자리 수 ㉮, ㉯가 있습니다. ㉮는 반올림하여 백의 자리까지 나타내고, ㉯는 버림하여 백의 자리까지 나타내었더니 나타낸 두 수의 합은 3100, 차는 900이었습니다. ㉮가 ㉯보다 클 때, ㉮와 ㉯의 차가 가장 큰 경우의 값을 구하시오.

(   )

27 어느 동물원의 사육사가 준비한 물고기를 네 마리의 동물들에게 나누어 주었습니다. 북극곰에게는 전체의 $\frac{3}{7}$을 주고, 물개에게는 남은 물고기의 $\frac{3}{5}$을 주었습니다. 또, 돌고래에게는 다시 남은 물고기의 $\frac{5}{6}$를 주고, 그 나머지 물고기를 펭귄에게 모두 주었습니다. 펭귄이 받은 물고기를 전체의 $\frac{12}{●}$라고 할 때, ●에 알맞은 수는 무엇입니까?

(   )

28 오른쪽 그림에서 선분 ㄱㄴ을 대칭축으로 하는 선대칭도형과 점 ㅇ을 대칭의 중심으로 하는 점대칭도형을 각각 완성하였을 때, 완성된 선대칭도형과 점대칭도형에서 겹친 부분의 넓이는 몇 cm²입니까?

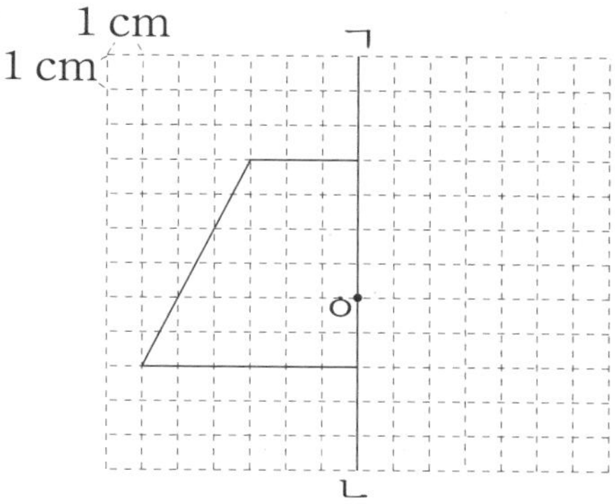

(   ) cm²

29 오른쪽과 같이 딸기와 설탕을 섞어서 딸기잼을 만들었습니다. 만든 딸기잼을 0.5 kg당 6000원을 받고 모두 팔았을 때 이익금을 1000원짜리 지폐로 바꾸면 모두 몇 장이 되겠습니까?

	딸기	설탕
1kg당 가격	5400원	1400원
섞은 양	4.2 kg	1.8 kg

(   )장

30 ㉮, ㉯, ㉰ 세 사람이 가지고 있는 구슬은 모두 45개입니다. ㉮가 ㉯와 ㉰에게 각각 구슬을 몇 개씩 주었더니 ㉯와 ㉰의 구슬의 개수는 가지고 있던 구슬의 개수만큼씩 더 많아졌습니다. 그 다음에는 ㉯가 ㉮와 ㉰에게 구슬을 각각 몇 개씩 주었더니 ㉮와 ㉰의 구슬의 개수는 가지고 있던 구슬의 개수만큼씩 더 많아졌습니다. 마지막으로 ㉰가 ㉮, ㉯에게 각각 구슬을 몇 개씩 주었더니, ㉮와 ㉯ 역시 가지고 있던 구슬의 개수만큼씩 더 많아졌습니다. 그 결과 ㉮의 구슬의 수는 ㉯의 $1\frac{3}{7}$, ㉰의 구슬의 수는 ㉯의 $\frac{11}{14}$이었습니다. 맨 처음에 ㉮는 몇 개의 구슬을 가지고 있었습니까?

(   )개

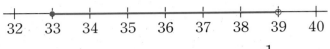

❀ 부록에 있는 OMR 카드를 사용해 보세요.

교과서 기본 과정

01 수직선에 나타낸 수의 범위에 포함되지 <u>않는</u> 수는 어느 것입니까? (   )

```
   +----+----•----+----+----+----+----◦----+
  32   33   34   35   36   37   38   39   40
```

① 33   ② 34.2   ③ 36   ④ $37\frac{1}{3}$ ⑤ 39

02 다음 표는 놀이 공원에서 키에 따라 탈 수 있는 놀이 기구의 이름과 기준을 조사한 것입니다. 동생의 키가 130 cm일 때, 동생이 탈 수 있는 놀이 기구는 모두 몇 가지입니까?

놀이 기구별 탈 수 있는 기준

놀이 기구 이름	기준	놀이 기구 이름	기준
매직 열차	키 90 cm 이상	부메랑	키 140 cm 이상
나는 코끼리	키 90 cm 이상 130 cm 미만	바이킹	키 120 cm 이상
범퍼카	키 120 cm 이상	카멜백	키 110 cm 이상
꼬마자동차	키 95 cm 이상 125 cm 미만	탬버린	키 130 cm 이상

(   )가지

03 크기와 무게가 같은 종이 8장의 무게는 21 g입니다. 종이 한 장의 무게는 약 몇 g인지 반올림하여 소수 둘째 자리까지 나타내었을 때 소수 둘째 자리의 숫자는 무엇입니까?

(   )

04 물이 $\dfrac{3}{8}$ L씩 들어 있는 물통이 16개 있습니다. 16개의 물통에 들어 있는 물의 양은 모두 몇 L입니까?

(   ) L

05 계산이 <u>잘못된</u> 것은 어느 것입니까? (   )

① $\dfrac{6}{7} \times 5 = 4\dfrac{2}{7}$ ② $\dfrac{3}{5} \times 10 = 6$ ③ $\dfrac{5}{8} \times \dfrac{5}{8} = 2\dfrac{5}{8}$

④ $1\dfrac{1}{2} \times 3 = 4\dfrac{1}{2}$ ⑤ $\dfrac{4}{5} \times 1\dfrac{1}{2} = 1\dfrac{1}{5}$

06 □ 안에 들어갈 수 있는 자연수 중 가장 작은 수는 얼마입니까?

$$15 \times 2\dfrac{3}{5} < \square$$

(   )

07 다음 두 삼각형은 합동입니다. 각 ㄹㅁㅂ의 크기는 몇 도입니까?

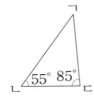
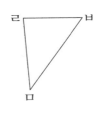

(   )°

08 다음 중 선대칭도형이면서 점대칭도형인 것은 어느 것입니까? (   )

①   ②   ③

④   ⑤

09 삼각형 ㄱㄴㄷ에서 선분 ㄹㅁ으로 접었을 때 선분 ㄱㄹ과 선분 ㄷㄹ의 길이가 같고, 선분 ㄷㅁ으로 접었을 때 점 ㄴ과 점 ㄹ이 만납니다. 삼각형 ㄱㄴㄷ의 넓이가 75 cm²일 때, 삼각형 ㅁㄷㄹ의 넓이는 몇 cm²입니까?

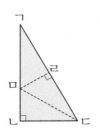

(   ) cm²

10 다음 중 곱이 가장 큰 것은 어느 것입니까? ( )

① 52.3×0.1 　　② 0.523×100 　　③ 5.23×0.1

④ 52.3×0.01 　　⑤ 523×0.01

11 □ 안에 알맞은 수는 얼마입니까?

$$0.03 \times 5.4 = \frac{\square}{1000}$$

( )

12 소리는 공기 중에서 1초 동안에 $0.34\,\text{km}$를 간다고 합니다. 번개를 보고 나서 1.8초 후에 천둥 소리를 들었다면, 소리를 들은 곳은 번개 친 곳에서 몇 m 떨어져 있습니까?

( ) m

교과서 응용 과정

13 다음 자연수의 범위에 포함되는 자연수는 36개입니다. □ 안에 알맞은 자연수는 얼마입니까?

$$25 \text{ 초과 } \boxed{} \text{ 이하인 수}$$

( )

14 숫자 카드 4장을 한 번씩만 사용하여 다섯 번째로 큰 네 자리 수를 만들고, 만든 네 자리 수를 올림하여 십의 자리까지 나타내었을 때 십의 자리 숫자는 무엇입니까?

( )

15 무게가 같은 과일 6개를 그릇에 담아 무게를 재어 보니 $4\frac{1}{5}$ kg이었습니다. 이 그릇에서 과일 4개를 빼고 무게를 다시 재어 보니 $1\frac{4}{5}$ kg이었다면 빈 그릇의 무게는 $\frac{\blacktriangle}{\blacksquare}$ kg입니다. 이때 $\frac{\blacktriangle}{\blacksquare} \times 10$의 값은 얼마입니까?

( )

16 효근이의 나이는 누나의 나이의 $\frac{3}{4}$이고, 할아버지의 연세의 $\frac{1}{5}$입니다. 할아버지의 연세가 75세라면, 효근이와 누나의 나이의 차는 몇 살입니까?

(   )살

17 이등변삼각형 ㄱㄴㄷ에서 변 ㄴㄷ을 똑같이 6등분 하여 꼭짓점 ㄱ과 연결했습니다. 선을 따라 그릴 수 있는 삼각형 중 합동인 삼각형은 모두 몇 쌍입니까?

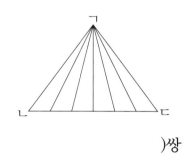

(   )쌍

18 다음과 같이 가와 나의 두 가지 방법으로 나머지 부분을 그렸을 때, 그려진 2개의 도형이 같은 것은 모두 몇 개입니까?

> 가 : 선분 ㄱㄴ에 대하여 선대칭도형이 되도록 나머지 부분을 그립니다.
> 나 : 점 ㅇ에 대하여 점대칭도형이 되도록 나머지 부분을 그립니다.

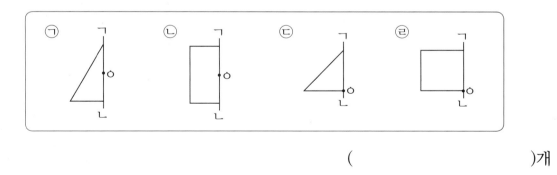

(   )개

19 한 시간에 80 km를 가는 빠르기로 1 km를 달리는 데 휘발유 0.08 L가 필요한 자동차가 있습니다. 이 자동차를 타고 같은 빠르기로 2시간 15분 동안 달렸을 때 사용한 휘발유의 양을 □ L라 하면 □×10의 값은 얼마입니까?

(   )

20 멜론 360개를 918000원에 사 와서 보니 전체의 0.15가 썩어 있었습니다. 썩지 않은 멜론을 팔아서 사온 값의 0.2만큼 이익을 얻으려면 멜론 한 개의 값으로 백원짜리 동전을 몇 개 받아야 합니까?

(   )개

[교과서 심화 과정]

21 주차 시간이 1시간 이하일 때는 요금이 3000원이고 1시간 초과일 때는 30분마다 500원의 요금이 추가됩니다. 275분 동안 주차했을 때의 요금을 천원짜리 지폐로 계산하려면 몇 장을 내야 합니까?

(   )장

22 한별이는 어떤 일의 $\frac{1}{3}$을 하는 데 4일이 걸리고 석기는 그 일의 $\frac{1}{6}$을 하는 데 5일이 걸리고 상연이는 그 일의 $\frac{1}{10}$을 하는 데 2일이 걸린다고 합니다. 세 사람이 함께 그 일을 한다면 며칠 만에 끝낼 수 있겠습니까? (단, 한 사람이 하루에 하는 일의 양은 같습니다.)

(   )일

23 사다리꼴 ㄱㄴㄷㄹ에서 삼각형 ㄱㄴㄷ과 삼각형 ㄹㄷㄴ은 서로 합동입니다. 삼각형 ㄹㅁㄷ의 넓이가 10 cm²일 때, 선분 ㅁㅂ의 길이는 몇 cm입니까?

(   ) cm

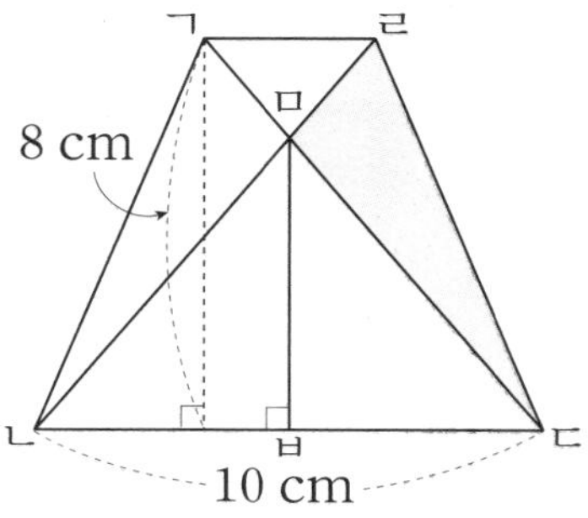

24 다음의 계산 결과가 가장 큰 자연수일 때와 가장 작은 자연수일 때의 계산 결과의 차를 구하시오. (단, ㉮는 두 자리 자연수입니다.)

$$9.4 \times ㉮$$

(   )

25 다음과 같이 한 각이 직각인 이등변삼각형 ㄱㄴㄷ과 합동인 도형을 규칙적으로 겹쳐 놓았습니다. 색칠한 부분의 넓이는 몇 cm²입니까?

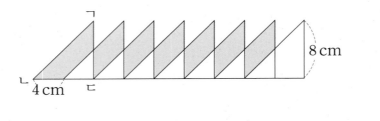

(   ) cm²

창의 사고력 도전 문제

26 0.25 초과 0.75 미만인 수들 중에서 분모가 8 미만인 기약분수는 모두 몇 개입니까?

(   )개

27 다음 식을 만족하는 자연수 ㉠과 ㉡이 있습니다. ㉠+㉡의 최솟값은 얼마입니까?

$$\frac{21}{㉠ \times ㉠ \times ㉠} \times 735 = \frac{1}{㉡}$$

(   )

28 오른쪽 그림에서 삼각형 ㄹㄴㄷ과 삼각형 ㄹㅁㄷ은 서로 합동이고, 변 ㄹㅂ과 변 ㄴㄷ은 서로 평행합니다. 이때 사각형 ㄹㄴㅂㅁ의 넓이는 몇 cm²입니까?

(   ) cm²

29 세 수 ㉮, ㉯, ㉰가 있습니다. ㉮×㉯=3.2, ㉯×㉰=80, ㉮×㉰=16일 때, 5×(㉮+㉯+㉰)를 구하시오.

(   )

30 다음과 같은 숫자 카드를 사용하여 만들 수 있는 두 자리 수 중에서 🔢🔢은 점대칭인 수입니다. 만들 수 있는 세 자리 수 중에서 점대칭인 수는 모두 몇 개입니까?

(단, 숫자 카드는 여러 번 사용할 수 있습니다.)

(   )개

Memo

KMA 한국수학학력평가

학 교 명:

성 명:

현재 학년:　　반:

번호	1번	2번	3번	4번	5번	6번	7번	8번	9번	10번

번호	11번	12번	13번	14번	15번	16번	17번	18번	19번	20번

번호	21번	22번	23번	24번	25번	26번	27번	28번	29번	30번

1. 모든 항목은 컴퓨터용 사인펜만 사용하여 보기와 같이 표기하시오.

   보기) ① ● ③

   ※ 잘못된 표기 예시 : ⊘ ⊗ ⊙ ⊘

2. 수정시에는 수정테이프를 이용하여 깨끗하게 수정합니다.

3. 수험번호(1), 생년월일(2)란에는 감독 선생님의 지시에 따라 아라비아 숫자로 쓰고 해당란에 표기하시오.

4. 답란에는 아라비아 숫자를 쓰고, 해당란에 표기하시오.

   ※ OMR카드를 잘못 작성하여 발생한 성적 결과는 책임지지 않습니다.

OMR 카드 답안작성 예시 1 한 자릿수	예1) 답이 1 또는 선다형 답이 ①인 경우
	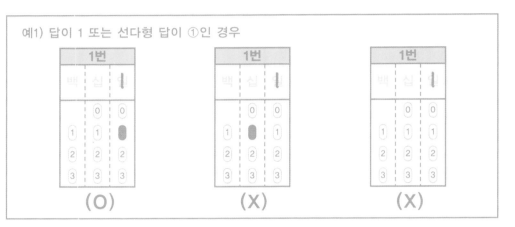

OMR 카드 답안작성 예시 2 두 자릿수	예2) 답이 12인 경우
	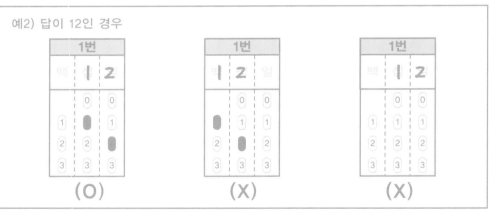

OMR 카드 답안작성 예시 3 세 자릿수	예3) 답이 230인 경우
	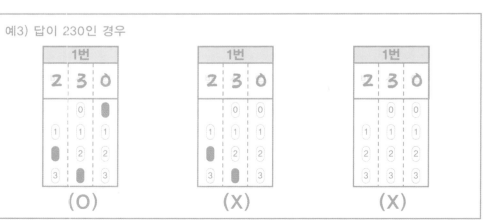

KMA 한국수학학력평가

학 교 명:

성   명:

현재 학년: 반:

번호	1번	2번	3번	4번	5번	6번	7번	8번	9번	10번
답란	백 십 일	백 십 일	백 십 일	백 십 일	백 십 일	백 십 일	백 십 일	백 십 일	백 십 일	백 십 일

답표기란

번호	11번	12번	13번	14번	15번	16번	17번	18번	19번	20번
답란	백 십 일	백 십 일	백 십 일	백 십 일	백 십 일	백 십 일	백 십 일	백 십 일	백 십 일	백 십 일

답표기란

번호	21번	22번	23번	24번	25번	26번	27번	28번	29번	30번
답란	백 십 일	백 십 일	백 십 일	백 십 일	백 십 일	백 십 일	백 십 일	백 십 일	백 십 일	백 십 일

답표기란

1. 모든 항목은 컴퓨터용 사인펜만 사용하여 보기와 같이 표기하시오.

   보기) ① ● ③

   ※ 잘못된 표기 예시 : ✓ ✗ ⊙ ⊘

2. 수정시에는 수정테이프를 이용하여 깨끗하게 수정합니다.

3. 수험번호(1), 생년월일(2)란에는 감독 선생님의 지시에 따라 아라비아 숫자로 쓰고 해당란에 표기하시오.

4. 답란에는 아라비아 숫자를 쓰고, 해당란에 표기하시오.

   ※ OMR카드를 잘못 작성하여 발생한 성적 결과는 책임지지 않습니다.

OMR 카드 답안작성 예시 1 한 자릿수	예1) 답이 1 또는 선다형 답이 ①인 경우 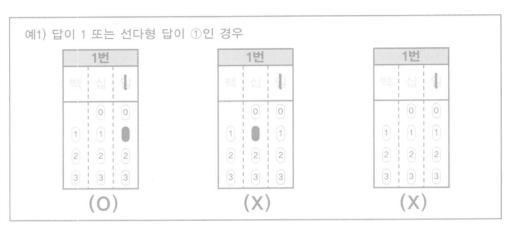
OMR 카드 답안작성 예시 2 두 자릿수	예2) 답이 12인 경우 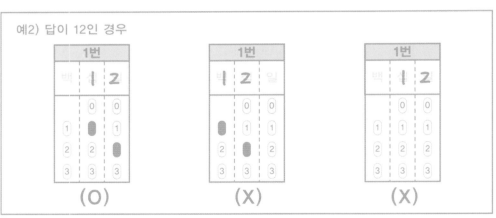
OMR 카드 답안작성 예시 3 세 자릿수	예3) 답이 230인 경우 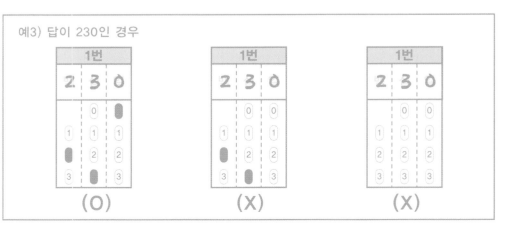

한국수학학력평가

하반기 대비

정답과 풀이

초 **5** 학년

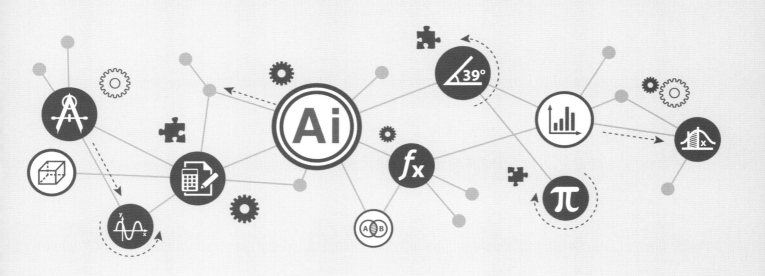

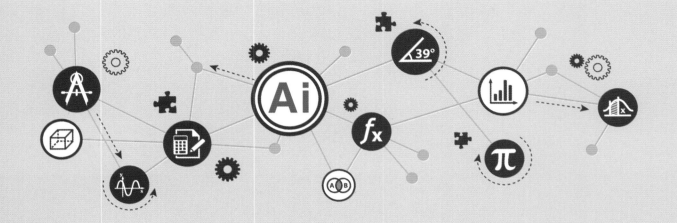

KMA

Korean Mathematics Ability Evaluation

한국수학학력평가

하반기 대비

정답과 풀이

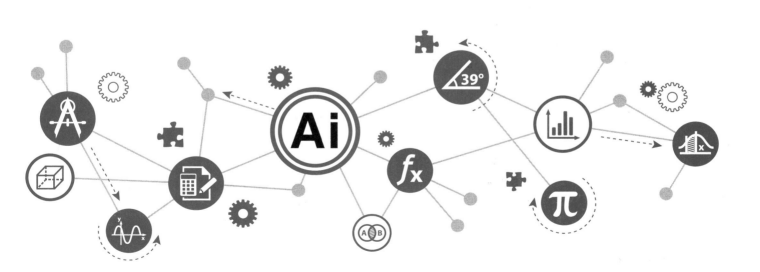

1 수의 범위와 어림하기   8~17쪽

01 2	**02** ③	**03** ⑤
04 ④	**05** 12	**06** ②
07 ①	**08** 55	**09** 4
10 400	**11** 100	**12** 7
13 569	**14** 36	**15** 252
16 49	**17** 319	**18** 25
19 5	**20** 101	**21** 85
22 50	**23** 86	**24** 41
25 4	**26** 50	**27** 49
28 800	**29** 35	**30** 12

01 20 이상 25 이하인 수는 24, 23.4로 2개입니다.

03 키가 145 cm 초과인 학생 : 효근, 지혜
몸무게가 40 kg 이하인 학생 :
예슬, 석기, 영수, 지혜
따라서 키가 145 cm 초과이고 몸무게가 40 kg
이하인 학생은 지혜입니다.

04 $700 - 620.75 = 79.25 \text{(kg)}$
따라서 몸무게가 79.25 kg 미만인 사람이 타야
합니다.

05 12보다 크고 156과 같거나 작은 수입니다.
따라서 가장 큰 수는 156이고, 가장 작은 수는
13이므로 $156 \div 13 = 12$입니다.

06 ㉮ 모든 학생이 버스를 타고 놀이공원에 가야
하므로 올림을 이용합니다.
㉯ 더 가까운 수를 찾으므로 반올림을 이용합
니다.
㉰ 100원짜리 동전 9개는 천원짜리 지폐로 바
꿀 수 없으므로 버림을 이용합니다.

07 554를 올림하여 십의 자리까지 나타내면 560
이므로 우산 상자를 56개 사면 554명의 학생들
에게 나누어 줄 수 있습니다. 따라서 바르게 어
림한 사람은 서이입니다.

08 $1648 \div 30 = 54 \cdots 28$
나머지 28개도 담아야 하므로 달걀판은

09 $96 \div 20 = 4 \cdots 16$
나머지 16 cm로는 리본을 만들 수 없으므로
버림으로 생각해야 합니다.

10 백의 자리까지 나타내야 하므로 십의 자리에서
반올림하면 약 400명입니다.

11 십의 자리에서 반올림하여 20000이 되는 수는
19950부터 20049까지의 수입니다.
따라서 $20049 - 19950 + 1 = 100 \text{(개)}$입니다.

12 남학생에게 필요한 버스 :
$123 \div 45 = 2 \cdots 33 \Rightarrow 3$대
여학생에게 필요한 버스 :
$145 \div 45 = 3 \cdots 10 \Rightarrow 4$대
따라서 $3 + 4 = 7 \text{(대)}$의 버스가 필요합니다.

13 $8400 \div 300 = 28$이므로
구슬을 $28 \times 10 = 280 \text{(개)}$ 팔았습니다.
일의 자리에서 버림하여 280이 되는 수는 280
이상 290 미만인 수이므로 처음에 있었던 구슬
은 280개 이상 289개 이하였습니다.
$\Rightarrow 280 + 289 = 569$

14 학생 수의 범위는 45명 이상 54명 이하입니다.
따라서 한 학생에게 사탕을 4개씩 나누어 주려
면 $45 \times 4 = 180 \text{(개)}$ 이상 $54 \times 4 = 216 \text{(개)}$ 이
하의 사탕이 필요합니다.
$\Rightarrow 216 - 180 = 36$

15 ㉠$= 1637 - 1515 = 122$
㉡$= 1321 - 1191 = 130$
$\Rightarrow$ ㉠$+$㉡$= 122 + 130 = 252$

16 버림하여 백의 자리까지 나타내어 5200이 되는
수는 5200부터 5299까지의 수입니다.
올림하여 백의 자리까지 나타내어 5300이 되는
수는 5201부터 5300까지의 수입니다.
반올림하여 백의 자리까지 나타내어 5200이 되
는 수는 5150부터 5249까지의 수입니다.
따라서 어떤 자연수의 범위는 5201부터 5249
까지이므로 모두 49개입니다.

17 두 수의 범위에 공통으로 속하는 자연수는 133

부터 185까지의 수입니다.

가장 큰 3의 배수는 183($=3 \times 61$)이고, 가장 작은 4의 배수는 136($=4 \times 34$)입니다.

따라서 두 수의 합은 $183+136=319$입니다.

18 영수 : 25, 26, 27, …, 35

지혜 : 12, 13, 14, …, 29

가영 : 2, 3, 4, …, 25

따라서 공통으로 가지고 있는 수 카드에 적힌 수는 25입니다.

19 $365 \div 40 = 9 \cdots 5$

$9 \times 70000 = 630000$(원),

$630000 \div 120000 = 5 \cdots 30000$

따라서 5명까지 도와줄 수 있고 3만 원이 남습니다.

20 • 4명씩 앉을 경우 : $4 \times 13 = 52$(명)

마지막 책상에 한 명이 앉을 경우 :

$52-3=49$(명)

• 6명씩 앉을 경우 : $6 \times 9 = 54$(명)

마지막 책상에 한 명이 앉을 경우 :

$54-5=49$(명)

따라서 두 조건을 만족하는 학생 수는

49명 이상 52명 이하입니다.

➡ $49+52=101$

21 • 8로 나누었을 때의 몫의 범위는 400 이상 500 미만의 수이므로 어떤 자연수의 범위는 3200 이상 4000 미만의 수입니다.

• 9로 나누었을 때의 몫의 범위는 355 이상 365 미만의 수이므로 어떤 자연수의 범위는 3195 이상 3285 미만의 수입니다.

따라서 두 조건을 모두 만족시키는 어떤 자연수는 3200 이상 3285 미만의 수입니다.

➡ $3284-3199=85$(개)

22 십의 자리에서 반올림하여 5000이 되는 수는 4950 이상 5050 미만인 수입니다.

(자연수라는 조건이 없으므로 4950 이상 5049 이하라고 하면 안 됩니다.)

또, 버림하여 천의 자리까지 나타내면 4000이 되는 수는 4000 이상 5000 미만인 수입니다.

따라서 두 조건을 모두 만족하는 수는 4950 이상 5000 미만인 수입니다.

즉, ㉠=4950, ㉡=5000이므로 ㉠과 ㉡의 차는 $5000-4950=50$입니다.

23 $(534+708+465) \div 20 = 85 \cdots 7$

따라서 86묶음의 붙임 딱지가 필요합니다.

24 예슬이와 가영이의 몸무게의 합 :

55 kg부터 64 kg까지

예슬이의 몸무게 : 15 kg부터 24 kg까지

따라서 가영이의 몸무게는 31 kg부터 49 kg까지이므로 가영이는 예슬이보다

최대 $49-15=34$(kg) 무겁고,

최소 $31-24=7$(kg) 무겁습니다.

➡ ㉮+㉯$=34+7=41$

25 ㉮는 ㉰보다 37 큰 수이므로 ㉰의 수의 범위에 37을 더하면 ㉮의 수의 범위는

$230+37=267$ 이상 $242+37=279$ 미만인 수입니다.

㉮$=$㉰$\times 3$에서 ㉰$=$㉮$\div 3$이므로 ㉰의 수의 범위는 $267 \div 3 = 89$ 이상 $279 \div 3 = 93$ 미만인 수입니다.

➡ □－○$=93-89=4$

26 53□□4를 올림하여 천의 자리까지 나타내면 54000입니다.

반올림하여 천의 자리까지 나타낸 수가 54000이 되려면 □□ 안에는 50부터 99까지 50개의 수가 들어갈 수 있습니다.

따라서 알맞은 다섯 자리의 수는 모두 50개입니다.

27 지훈이가 나타내는 수가 모두 작으므로 지훈이는 버림을 한 것이고, 승민이가 나타낸 수가 모두 크므로 승민이는 올림을 하여 어림한 것임을 알 수 있습니다. 따라서 유승이는 반올림을 하여 어림한 것입니다.

어떤 수가 될 수 있는 수의 범위는 유승이는 반올림을 했으므로 24250부터 24349까지, 승민이는 올림을 했으므로 24201부터 24300까지, 지훈이는 버림을 했으므로 24200부터 24299

까지입니다.

세 조건을 모두 만족하는 수는 24250부터 24299까지이므로 어떤 수가 될 수 있는 수 중 가장 큰 수와 가장 작은 수의 차는 49입니다.

28 포장지를 10장씩 묶음으로만 사는 경우 :
$950 \times 19 = 18050$(원)
포장지를 100장씩 묶음으로만 사는 경우 :
$8700 \times 2 = 17400$(원)
포장지를 100장씩 1묶음, 10장씩 9묶음을 사는 경우 : $8700 + 950 \times 9 = 17250$(원)
➡ $18050 - 17250 = 800$(원)

29 마지막에 각 자리 숫자의 합이 5가 되는 경우는 5, 14, 23, 32, 41, 50이고 이 중 500 이하의 세 자리 수 중 (각 자리의 숫자의 합)$\times 5$는 5의 배수이므로 5, 50입니다.
① 5인 경우 : 100 ➡ $(1+0+0) \times 5 = 5$ ➡ 1개
② 50인 경우 : 각 자리 숫자의 합은 10입니다.
109, 118, 127, …, 181, 190 ➡ 10개
208, 217, 226, …, 271, 280 ➡ 9개
307, 316, 325, …, 361, 370 ➡ 8개
406, 415, 424, …, 451, 460 ➡ 7개
따라서 규칙에 맞는 500 이하의 자연수는 모두 $1+10+9+8+7 = 35$(개)입니다.

30 방 2개를 사용할 때 한 방에 들어갈 학생 수는 20명부터 29명까지입니다.

한 방의 학생 수(명)	20	21	22	23	24	25	26	27	28	29
캠프에 참여한 학생 수(명)	41	43	45	47	49	51	53	55	57	59

방 3개를 사용할 때 한 방에 들어갈 학생 수는 11명부터 20명까지입니다.

한 방의 학생 수(명)	11	12	13	14	15	16	17	18	19	20
캠프에 참여한 학생 수(명)	34	37	40	43	46	49	52	55	58	61

두 가지를 모두 만족하는 경우의 참여 학생 수는 43명, 49명, 55명이므로 가장 많을 경우는 55명, 가장 적을 경우는 43명입니다.
➡ $55 - 43 = 12$

2 분수의 곱셈   18~27쪽

01 ⑤	**02** 3	**03** 5
04 9	**05** ⑤	**06** 17
07 15	**08** ④	**09** 23
10 40	**11** 5	**12** 242
13 12	**14** 68	**15** 13
16 4	**17** 30	**18** 35
19 34	**20** 40	**21** 8
22 6	**23** 54	**24** 76
25 16	**26** 60	**27** 276
28 23	**29** 50	**30** 12

01 ① $\frac{5}{7}$ ② $\frac{3}{4}$ ③ $\frac{4}{5}$ ④ 1   ⑤ $\frac{7}{6} = 1\frac{1}{6}$
➡ ⑤ > ④ > ③ > ② > ①

02 $3\frac{3}{4} \times \frac{4}{5} = \frac{15}{4} \times \frac{4}{5} = 3$(km)

03 $\frac{8}{15} \times \frac{5}{16} = \frac{1}{6} < \frac{1}{\square}$이므로 □ 안에 들어갈 수 있는 자연수는 1, 2, 3, 4, 5로 모두 5개입니다.

04 $\left(\frac{1}{4} + \frac{1}{5}\right) \times 20 = \frac{9}{20} \times 20 = 9$(L)

05 ① $5\frac{1}{4}$ ② $8\frac{4}{5}$ ③ $5\frac{5}{12}$
④ $7\frac{6}{7}$ ⑤ $4\frac{8}{11}$

06 $2\frac{4}{5} \times 4\frac{3}{8} = \frac{14}{5} \times \frac{35}{8} = \frac{49}{4} = 12\frac{1}{4}$(cm^2)
➡ ㉠+㉡+㉢$= 12 + 4 + 1 = 17$

07 $5 \times 1\frac{2}{3} \times 1\frac{4}{5} = $㉮에서 ㉮$= 5 \times \frac{5}{3} \times \frac{9}{5} = 15$입니다.

08 ① $\frac{49}{108}$ ② $\frac{5}{16}$ ③ $1\frac{1}{9}$ ④ $\frac{1}{6}$ ⑤ $\frac{24}{35}$

09 $1\frac{1}{4} \times 9\frac{1}{3} = 11\frac{2}{3}$, $6\frac{1}{8} \times 5\frac{5}{7} = 35$이므로 $11\frac{2}{3} < \square < 35$입니다.
따라서 □는 12부터 34까지의 자연수로 모두 23개입니다.

10 $96 \times \frac{2}{3} \times \frac{5}{8} = 40$(kg)

4   수학 5-2

11 $4\frac{4}{9}*3\frac{23}{72}=4\frac{4}{9}\times\left(4\frac{4}{9}-3\frac{23}{72}\right)$

$\qquad\qquad =4\frac{4}{9}\times1\frac{1}{8}=5$

12 수학을 좋아하는 남학생은 전체의

$\frac{3}{5}\times\frac{3}{4}=\frac{9}{20}$이고

수학을 좋아하는 여학생은 전체의

$\frac{2}{5}\times\frac{5}{9}=\frac{2}{9}$이므로

수학을 좋아하는 학생은 전체의

$\frac{9}{20}+\frac{2}{9}=\frac{121}{180}$입니다.

따라서 수학을 좋아하는 학생 수는

$360\times\frac{121}{180}=242$(명)입니다.

13 전체 일의 양을 1이라고 할 때,

(웅이가 하루에 하는 일의 양)$=\frac{1}{4}\times\frac{1}{9}=\frac{1}{36}$,

(지혜가 하루에 하는 일의 양)$=\frac{1}{6}\times\frac{1}{3}=\frac{1}{18}$

입니다.

따라서 두 사람이 하루에 하는 일의 양은

$\frac{1}{36}+\frac{1}{18}=\frac{1}{12}$이므로 함께 일을 한다면

12일 만에 끝낼 수 있습니다.

14 분모의 곱이 클수록 분수의 곱이 작습니다.

따라서 $\frac{2}{9}\times\frac{5}{8}\times\frac{4}{7}=\frac{5}{63}$이므로 ㉠과 ㉡의

합은 68입니다.

15 어떤 수를 □라 하면 $\left(\square-\frac{1}{2}\right)\div8=1\frac{1}{4}$,

$\square=1\frac{1}{4}\times8+\frac{1}{2}=10\frac{1}{2}$입니다.

➡ ㉠+㉡+㉢$=10+2+1=13$

16 $6\frac{2}{3}\times\frac{1}{40}=\frac{1}{6}$

따라서 $\frac{1}{6}$보다 큰 진분수 중 단위분수는

$\frac{1}{5}$, $\frac{1}{4}$, $\frac{1}{3}$, $\frac{1}{2}$이므로 모두 4개입니다.

17 (빨간색을 칠한 부분)$=450\times\frac{1}{3}=150\,(\mathrm{cm}^2)$

(파란색을 칠한 부분)

$=(450-150)\times\frac{3}{5}=180\,(\mathrm{cm}^2)$

따라서 파란색을 30 cm² 더 칠했습니다.

18 포도맛 사탕 ├┼┼─┼─┼─┤

자두맛 사탕 ├┼┼─┼─┼─┼─┤

자두맛 사탕은 가지고 있는 전체 사탕의 $\frac{5}{9}$입

니다. ➡ $63\times\frac{5}{9}=35$(개)

19 (남은 벽돌의 수)$=25\times\left(1-\frac{3}{5}\right)=10$(장)

(남은 벽돌의 무게)$=3\frac{2}{5}\times10=34\,(\mathrm{kg})$

20 $\left(1-\frac{1}{6}\right)\times\left(1-\frac{2}{5}\right)\times\left(1-\frac{1}{3}\right)=\frac{1}{3}$

➡ $120\times\frac{1}{3}=40$(쪽)

21 처음 정사각형의 한 변을 1이라 하면, 나중에

만들어진 직사각형의 넓이는

$\left(1-\frac{1}{3}\right)\times\left(1+\frac{3}{4}\right)=\frac{2}{3}\times\frac{7}{4}=1\frac{1}{6}$입니다.

처음 정사각형의 넓이는 1이므로 나중에 만들

어진 직사각형의 넓이는 처음 정사각형의 넓이

의 $1\frac{1}{6}$배입니다.

➡ ㉠+㉡+㉢$=1+6+1=8$

22 계산 결과가 자연수이므로 ㉠은 462의 약수입

니다.

462의 약수 중 20보다 작은 수는 1, 2, 3, 6,

7, 11, 14이고, 이 중 계산 결과가 100보다 작

은 자연수가 되는 조건을 만족시키는 ㉠은 6,

7, 11, 14입니다.

㉠$=6$인 경우 $462\times\frac{\blacksquare}{6}=$㉡에서

$\blacksquare=1$일 때 ㉡$=77$

㉠$=7$인 경우 $462\times\frac{\blacksquare}{7}=$㉡에서

$\blacksquare=1$일 때 ㉡$=66$

㉠$=11$인 경우 $462\times\frac{\blacksquare}{11}=$㉡에서

$\blacksquare=1$일 때 ㉡$=42$, $\blacksquare=2$일 때 ㉡$=84$

㉠=14인 경우 $462 \times \dfrac{\blacksquare}{14} = $ ㉡에서

■=1일 때 ㉡=33, ■=2일 때 ㉡=66,

■=3일 때 ㉡=99

따라서 조건을 만족하는 ㉡은 33, 42, 66, 77, 84, 99의 6개입니다.

23 처음의 높이를 □ m라 하면

$□ \times \dfrac{2}{3} \times \dfrac{2}{3} \times \dfrac{2}{3} = 16$, $□ \times \dfrac{8}{27} = 16$입니다.

□의 $\dfrac{1}{27}$은 $16 \div 8 = 2$이므로

$□ = 2 \times 27 = 54(m)$입니다.

24 하루에 $3\dfrac{1}{6}$분씩 빨라지므로 2주일 후에는

$3\dfrac{1}{6} \times 14 = 44\dfrac{1}{3}$(분)이 빨라집니다.

$44\dfrac{1}{3}$분=44분 20초이므로 2주일 후 정오 시보가 울릴 때 이 시계가 가리키는 시각은

오후 12시 44분 20초입니다.

➡ ■＋▲＋●＝12＋44＋20＝76

25 어떤 분수 중 가장 작은 분수를 $\dfrac{△}{□}$라 하면

□는 8, 16, 4의 최대공약수이고,

△는 9, 45, 15의 최소공배수이어야 합니다.

따라서 $\dfrac{△}{□} = \dfrac{45}{4} = 11\dfrac{1}{4}$입니다.

➡ ㉠＋㉡＋㉢＝11＋4＋1＝16

26 강물을 거슬러 올라갈 때 배는 한 시간에

$12-3=9(km)$를 이동하므로 3시간 40분 동안

$9 \times 3\dfrac{2}{3} = 33(km)$를 이동합니다.

강물을 내려올 때 배는 한 시간에

$12+3=15(km)$를 이동하므로 1시간 48분 동안

$15 \times 1\dfrac{4}{5} = 27(km)$를 이동합니다.

따라서 배가 이동한 거리는 모두

$33+27=60(km)$입니다.

27 $\dfrac{1}{2} - \dfrac{1}{3} + \dfrac{1}{4} - \dfrac{1}{5} + \dfrac{1}{6}$

$= \dfrac{30}{60} - \dfrac{20}{60} + \dfrac{15}{60} - \dfrac{12}{60} + \dfrac{10}{60} = \dfrac{23}{60}$

$□ \times \dfrac{1}{2} \times \dfrac{1}{3} \times \dfrac{1}{4} \times \dfrac{1}{5} \times \dfrac{1}{6} = □ \times \dfrac{1}{720}$

$□ \times \dfrac{1}{720} = \dfrac{23}{60}$, $□ = \dfrac{23}{60} \times 720 = 276$

별해 연속된 두 자연수 가, 나에 대하여

$\dfrac{1}{가} - \dfrac{1}{나} = \dfrac{1}{가 \times 나}$ (가<나)가 성립합니다.

$\dfrac{1}{2} - \dfrac{1}{3} + \dfrac{1}{4} - \dfrac{1}{5} + \dfrac{1}{6}$

$= \dfrac{1}{2 \times 3} + \dfrac{1}{4 \times 5} + \dfrac{1}{6}$

$= \dfrac{26}{2 \times 3 \times 4 \times 5} + \dfrac{1}{6}$

$= \dfrac{276}{2 \times 3 \times 4 \times 5 \times 6}$

$= 276 \times \dfrac{1}{2} \times \dfrac{1}{3} \times \dfrac{1}{4} \times \dfrac{1}{5} \times \dfrac{1}{6}$

따라서 □＝276입니다.

28 $\dfrac{1}{□} \times △$에서

• □=2일 때 △는 2의 배수인 4, 6, 8, 10, 12, 14, 16, 18로 8개입니다.

• □=3일 때 △는 3의 배수인 6, 9, 12, 15, 18로 5개입니다.

• □=4일 때 △는 4의 배수인 8, 12, 16으로 3개입니다.

• □=5일 때 △는 10, 15로 2개, □=6일 때 △는 12, 18로 2개입니다.

• □가 7일 때 △는 14, □가 8일 때 △는 16, □가 9일 때 △는 18로 1개씩이고 □가 10부터 19까지일 때 알맞은 △는 없습니다.

➡ $8+5+3+2 \times 2+1 \times 3=23$(쌍)

29 $A=17 \times a$, $B=17 \times b$라 하면

$A+B=17 \times (a+b)=136$이므로

$a+b=8$입니다.

A>B에서 $a>b$이므로

$(a, b)=(7, 1), (5, 3)$입니다.

① $a=7$, $b=1$일 때 $A=17 \times 7$, $B=17 \times 1$에서

$\dfrac{B}{A} \times \dfrac{B}{A} = \dfrac{1}{7} \times \dfrac{1}{7} = \dfrac{1}{49}$

② $a=5$, $b=3$일 때 $A=17 \times 5$, $B=17 \times 3$에서

$\dfrac{B}{A} \times \dfrac{B}{A} = \dfrac{3}{5} \times \dfrac{3}{5} = \dfrac{9}{25}$

따라서 $\dfrac{B}{A} \times \dfrac{B}{A}$ 의 최솟값은 $\dfrac{1}{49}$ 이므로

㉠＋㉡의 값은 $49＋1＝50$입니다.

30 연못의 둘레를 1로 생각하면 유승이는 1분 동안 $\dfrac{1}{15}$ 을 돌게 됩니다.

유승이와 한솔이가 1분 동안 움직인 거리의 합을 □라 하면 $\square \times 6\dfrac{2}{3} ＝1$, $\square ＝\dfrac{3}{20}$ 이므로

한솔이가 1분 동안 간 거리는

$\dfrac{3}{20} － \dfrac{1}{15} ＝\dfrac{1}{12}$ 입니다.

따라서 한솔이가 연못을 한 바퀴 도는 데 걸리는 시간은 12분입니다.

---

3 합동과 대칭　　　　28~37쪽

01 18	**02** 38	**03** ②
04 118	**05** 3	**06** ⑤
07 ⑤	**08** 2	**09** 46
10 5	**11** 118	**12** 13
13 3	**14** 44	**15** 48
16 90	**17** 88	**18** 116
19 80	**20** 12	**21** 128
22 7	**23** 144	**24** 448
25 125	**26** 200	**27** 225
28 147	**29** 72	**30** 6

01 변 ㄹㅁ의 대응변은 변 ㄷㄱ이므로 변 ㄹㅁ은 4 cm이고, 변 ㄹㅂ의 대응변은 변 ㄷㄴ이므로 변 ㄹㅂ은 8 cm입니다.

(삼각형 ㄹㅁㅂ의 둘레)＝$4＋6＋8＝18$(cm)

02 삼각형 ㄹㄷㄴ에서

(각 ㄹㄷㄴ)＝$180°－(90°＋26°)＝64°$입니다.

합동인 두 삼각형은 대응각의 크기가 같으므로

(각 ㄱㄴㄷ)＝(각 ㄹㄷㄴ)＝$64°$입니다.

따라서 삼각형 ㄱㄴㄷ에서

(각 ㄱㄴㄹ)＝$64°－26°＝38°$입니다.

04 변 ㄱㄴ의 대응변은 변 ㅅㅇ이므로

㉠＝3 cm입니다.

각 ㅂㅁㅇ의 대응각은 각 ㄹㄷㄴ이므로

㉡＝$360°－(90°＋100°＋55°)＝115°$입니다.

➡ ㉠＋㉡＝$3＋115＝118$

05 선대칭도형은 ㉠, ㉡, ㉢이므로 모두 3개입니다.

06 ㉠ 3개　㉡ 2개　㉢ 무수히 많습니다.　㉣ 6개

➡ ㉢＞㉣＞㉠＞㉡

07 선대칭도형은 대응변의 길이와 대응각의 크기가 각각 같습니다.

08 선대칭도형 : ㉠, ㉢, ㉣, ㉤

점대칭도형 : ㉡, ㉣, ㉤

09 (선분 ㅂㅇ)＝(선분 ㄷㅇ)＝7 cm이고

(선분 ㄴㅂ)＝(선분 ㅁㄷ)

　　　　　　＝$30－7－7＝16$(cm)이므로

(선분 ㄴㅁ)＝$16＋30＝46$(cm)입니다.

10 선대칭도형이 되도록 대칭축을 찾으면 5개입니다.

11 ㉡＝$(180°－56°)÷2$

　　＝$62°$

㉠＝$360°$

　　$－(90°＋90°＋62°)$

　　＝$118°$

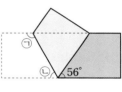

12 선대칭도형을 완성하면 다음과 같습니다.

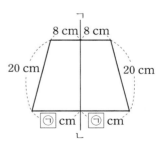

따라서 ㉠＝$\{82－(20＋8＋8＋20)\}÷2＝13$

13 서로 합동인 삼각형은 삼각형 ㄱㄴㅁ과 삼각형 ㄹㄷㅁ, 삼각형 ㄹㄱㄴ과 삼각형 ㄱㄹㄷ, 삼각형 ㄱㄴㄷ과 삼각형 ㄹㄷㄴ입니다.

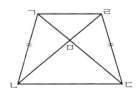

14 삼각형 ㄱㄴㅂ과 삼각형 ㄹㄷㅅ이 합동이므로
(변 ㄱㅂ)=(변 ㄹㅅ)=5 cm,
(변 ㅂㅅ)=17−(5+5)=7(cm)
(각 ㅁㅂㅅ)=(각 ㅂㄴㄷ)=60°,
(각 ㅁㅅㅂ)=(각 ㅅㄷㄴ)=60°이므로
삼각형 ㅁㅂㅅ은 한 변이 7 cm인 정삼각형입니다.
(변 ㅅㄷ)=(변 ㅁㄷ)−(변 ㅁㅅ)
=17−7=10(cm)
따라서 사각형 ㅂㄴㄷㅅ의 둘레는
7+10+10+17=44(cm)입니다.

15 삼각형 ㄹㄱㅁ과 삼각형 ㄷㄴㅁ은 서로 합동입니다.
(각 ㄹㅁㄱ)=(각 ㄷㅁㄴ)
=180°−(90°+24°)=66°
(각 ㄹㅁㄷ)=180°−(66°×2)=48°

16 (각 ㄱㄷㄴ)=180°−90°−35°=55°
(각 ㅁㄷㄹ)=(각 ㄷㄱㄴ)=35°
➡ (각 ㄱㄷㅁ)=180°−55°−35°=90°

17 겹친 부분은 넓이가
15×15×2−386=450−386=64(cm²)
인 정사각형입니다.
따라서 한 변의 길이가 8 cm이므로 선대칭도형의 둘레는 (15+7)×4=88(cm)입니다.

18 삼각형 ㄱㄴㅇ이 이등변삼각형이므로
(각 ㄱㅇㄴ)=180°−58°×2=64°입니다.
따라서 (각 ㄴㅇㄹ)=180°−64°=116°입니다.

19 (각 ㄷㄹㅁ)=(각 ㄷㅇㅅ)=110°
(각 ㄹㄷㅂ)=(각 ㅇㄷㅂ)=90°
사각형의 네 각의 크기의 합은 360°이므로
(각 ㄷㅂㅁ)=360°−90°−110°−80°=80°
입니다.

20
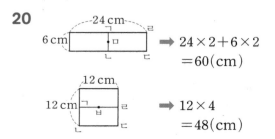

24×2+6×2
=60(cm)

12×4
=48(cm)

21 삼각형 ㄱㄴㄷ과 삼각형 ㄹㅂㅁ은 서로 합동이므로 각 ㅁㅂㄹ의 크기는 26°입니다.
따라서 (각 ㄴㅅㅂ)=180°−26°×2=128°이고, 각 ㄴㅅㅂ과 각 ㄹㅅㄱ은 크기가 같으므로 각 ㄹㅅㄱ의 크기는 128°입니다.

22 정사각형은 두 대각선이 각각 10 cm인 마름모입니다. 두 정사각형의 넓이의 합은
10×10÷2=50(cm²)의 2배인 100 cm²이므로 겹쳐진 부분의 넓이는 100−82=18(cm²)입니다.
겹쳐진 부분도 정사각형이면서 마름모이므로 넓이가 18 cm²인 마름모의 대각선의 길이를 찾으면 6×6÷2=18에서 겹쳐진 부분의 대각선의 길이는 6 cm입니다.
따라서 대칭의 중심이 되는 점과 점 ㄱ 사이의 거리는 10−3=7(cm)입니다.

23 (각 ㄴㄷㅁ)
=36°이므로
(각 ㄴㄷㄹ)
=100°−36°
=64°입니다.
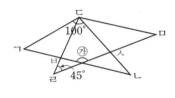
(각 ㄷㅅㄹ)=180°−45°−64°=71°
(각 ㅂㄴㄷ)=(각 ㄹㅁㄷ)
=180°−100°−45°=35°
(각 ㄷㅂㄴ)=180°−64°−35°=81°
㉮=360°−64°−71°−81°=144°

24 36×36÷2−20×20÷2=448(cm²)

25 삼각형 ㄱㄴㅁ과 삼각형 ㄷㅂㅁ은 합동입니다.
따라서 직사각형 ㄱㄴㄷㄹ의 넓이는
(12+13)×5=125(cm²)입니다.

26 사다리꼴 ㄱㄴㄹㅁ의 넓이에서 삼각형 ㄱㄴㄷ과 삼각형 ㄷㄹㅁ의 넓이를 뺍니다.
사다리꼴 ㄱㄴㄹㅁ의 높이가
12+16=28(cm)이므로
(삼각형 ㄱㄷㅁ의 넓이)
=(16+12)×28÷2−(16×12÷2)×2
=200(cm²)입니다.

27 삼각형 ㄱㅁㄹ과 삼각형 ㄱㄷ ㄴ은 합동이므로 겹쳐진 부분 의 넓이는 삼각형 ㄱㄴㄹ의 넓 이와 같습니다.

삼각형 ㄱㄴㄹ의 넓이는 정사각형 넓이의 $\frac{1}{4}$ 이

므로 $30 \times 30 \times \frac{1}{4} = 225(\text{cm}^2)$입니다.

28

대칭축이 4개이므로 사각형 ㄱㄴㄷㄹ과 ㅁㅂㅅㅇ은 모 두 정사각형입니다. 정사각형 ㄱㄴㄷㄹ의 넓이 가 784 cm²이므로

정사각형 ㅁㅂㅅㅇ의 넓이는 $784 \div 4 = 196(\text{cm}^2)$입니다. 따라서 (사각형 ㄱㄴㅂㅁ의 넓이) $= (784 - 196) \div 4 = 147(\text{cm}^2)$ 입니다.

29

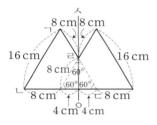

완성한 선대칭도형의 둘레는 $16 \times 2 + 8 \times 4 + 4 \times 2 = 72(\text{cm})$입니다.

30

---

④ 소수의 곱셈   38~47쪽

01 ⑤	**02** 4	**03** ④
04 6	**05** 10	**06** ②
07 512	**08** 60	**09** 13
10 53	**11** 282	**12** 75
13 16	**14** ④	**15** 5
16 100	**17** 2	**18** 27
19 260	**20** 4	**21** 76
22 725	**23** 8	**24** 189
25 16	**26** 76	**27** 322
28 100	**29** 195	**30** 975

01 ① 2.4   ② 2.8   ③ 3   ④ 1.8   ⑤ 3.2
➡ ⑤>③>②>①>④

02 (정오각형의 둘레)=$0.8 \times 5 = 4$(m)

03 ④ $5 \times 3.6 = 18$

04 $4 \times 1.5 < \square < 9 \times 1.4$ ➡ $6 < \square < 12.6$에서 $\square$ 안에 들어갈 수 있는 자연수는 7, 8, 9, 10, 11, 12이므로 모두 6개입니다.

05 43×0.15에서 0.15는 소수 두 자리 수이므로 ■는 소수 두 자리 수이고, 43×0.015에서 0.015는 소수 세 자리 수이므 로 ▲는 소수 세 자리 수입니다. 따라서 ■는 ▲의 10배입니다.

06 ㉠ 0.108   ㉡ 0.21   ㉢ 0.156
➡ ㉡>㉢>㉠

07 (나무 도막 0.8 m의 무게) $= 0.64 \times 0.8 = 0.512$(kg)
➡ ㉮$\times 1000 = 0.512 \times 1000 = 512$

08 $3.2 \times 5 = 16$, $16 \times 3.75 = 60$
따라서 ㉠에 알맞은 수는 60입니다.

09 마름모의 둘레는 $3.7 \times 4 = 14.8$(cm)이고, 정삼각형의 둘레는 $4.89 \times 3 = 14.67$(cm)이 므로 둘레의 차는 $14.8 - 14.67 = 0.13$(cm) 입니다.
➡ $0.13 \times 100 = 13$

10 ㉮ : $34.6 \times 87.5 = 3027.5$

㉯ : $34.5 \times 87.6 = 3022.2$

따라서 ㉮$-$㉯$=5.3$입니다.

➡ ▲$\times 10 = 5.3 \times 10 = 53$

11 정육각형은 정삼각형 6개로 이루어진 도형이므로 둘레는 $4.7 \times 6 = 28.2$(cm)입니다.

➡ ●$\times 10 = 28.2 \times 10 = 282$

12 11월은 30일까지 있으므로 30일 동안 배달된 물의 양은 $2.5 \times 30 = 75$(L)입니다.

13 2.5 m$=250$ cm

(공이 세 번 땅에 닿았다가 튀어 오른 높이)

$=250 \times 0.4 \times 0.4 \times 0.4 = 16$(cm)

14 ①, ②, ③, ⑤ ➡ 소수 세 자리 수

④ ➡ 소수 두 자리 수

15 키 150 cm의 표준 몸무게는

$(150-100) \times 0.9 = 45$(kg)이므로

동석이의 몸무게가 표준 몸무게가 되려면

$50-45=5$(kg)을 줄여야 합니다.

16 ㉠ $39.1 \times 20.35 \times 0.63$

$=391 \times 0.1 \times 2035 \times 0.01 \times 63 \times 0.01$

$=391 \times 2035 \times 63 \times 0.00001$

㉡ $6.3 \times 2.035 \times 0.391$

$=63 \times 0.1 \times 2035 \times 0.001 \times 391 \times 0.001$

$=63 \times 2035 \times 391 \times 0.0000001$

➡ ㉠은 ㉡의 100배입니다.

17 $12.5 \times (0.8-0.64) = 12.5 \times 0.16 = 2$(kg)

18 A3용지의 짧은 변의 길이는 29.7 cm, 긴 변의 길이는 $21+21=42$(cm)이므로

A2용지의 짧은 변의 길이는 42 cm이고, 긴 변의 길이는 $29.7+29.7=59.4$(cm)입니다.

따라서 A2용지의 넓이는

$42 \times 59.4 = 2494.8$(cm^2)이므로

$2+4+9+4+8=27$입니다.

19 $800 \times 0.52 \times (1-0.375) = 260$(명)

20 양 끝을 이어서 정사각형 모양을 만들었기 때문에 겹쳐지는 부분은 5군데입니다.

$3.3 \times 5 - 0.1 \times 5 = 16$(m)이므로

정사각형 한 변의 길이는 $16 \div 4 = 4$(m)입니다.

21 (어머니의 몸무게)

$=33 \times 1.7-3 = 53.1$(kg)

(아버지의 몸무게)

$=53.1 \times 1.4+2 = 76.34$(kg)

➡ 76.34 kg을 반올림하여 일의 자리까지 나타내면 76 kg입니다.

22 1시간 15분$=1.25$시간

(1시간 15분 동안 달린 거리)

$=72.5 \times 1.25 = 90.625$(km)

따라서 1시간 15분 동안 달리는 데 드는 기름의 양은 $90.625 \times (0.8 \div 10) = 7.25$(L)입니다.

➡ ■$\times 100 = 7.25 \times 100 = 725$

23

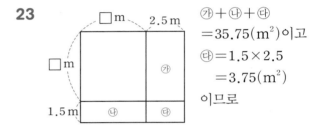

㉮$+$㉯$+$㉰

$=35.75$(m^2)이고

㉰$=1.5 \times 2.5$

$=3.75$(m^2)

이므로

㉮$+$㉯$=35.75-3.75=32$(m^2)입니다.

㉮$+$㉯$=2.5 \times \square + 1.5 \times \square$

$=4 \times \square = 32$

이므로 $\square = 8$(m)입니다.

24 4분 15초$=4$분$+\dfrac{15}{60}$분$=4$분$+0.25$분

$=4.25$분

➡ $24-(1.2 \times 4.25) = 18.9$(cm)

➡ ●$\times 10 = 18.9 \times 10 = 189$

25 $0.\boxed{㉠}\boxed{㉡} \times 0.\boxed{㉢}\boxed{㉣}$에서 ㉠과 ㉢에 가장 큰 숫자와 둘째로 큰 숫자를 넣어 곱셈식을 만들어야 합니다.

$0.82 \times 0.43 = 0.3526$, $0.83 \times 0.42 = 0.3486$

따라서 계산 결과가 가장 클 때의 값은 0.3526이므로 $3+5+2+6=16$입니다.

26 두 수의 곱이 자연수가 되려면 ㉡$\times$㉢의 일의 자리가 0이어야 하고, 이때 가장 큰 계산 값이 나오려면 ㉠$=9$, ㉡과 ㉢은 8 또는 5가 되어야 합니다.

$98 \times 0.5 = 49$, $95 \times 0.8 = 76$이므로 가장 큰 곱은 76입니다

27 0.16 0.18 0.22 0.28 0.36 …
  +0.02 +0.04 +0.06 +0.08

앞의 수에 0.02, 0.04, 0.06, 0.08, …
  +0.02 +0.02 +0.02

을 더해주는 규칙입니다.
따라서 18번째에 놓일 수는
$0.16+0.02+0.04+0.06+\cdots+0.34$
$=0.16+0.02\times(1+2+3+\cdots+17)$
$=0.16+0.02\times153=3.22$
➡ ▲$\times100=3.22\times100=322$

28 두 사람이 만나게 될 때까지 걸리는 시간을
□분이라고 할 때
(유승이가 간 거리)$=(0.16\times□)$ km,
(한솔이가 간 거리)$=(0.24\times□)$ km이고
두 사람이 간 거리의 차가 공원 둘레 한 바퀴와
같으므로 $0.24\times□-0.16\times□=8$,
$0.08\times□=8$, $□=100$입니다.
따라서 100분 후에 처음으로 다시 만나게 됩니다.

참고

출발
만남

➡ 같은 방향으로 진행하여
다시 만나려면 한솔이가
한 바퀴를 더 돌아서 만나
게 됩니다.
따라서 두 사람이 간 거리의 차는 공원 한
바퀴의 거리와 같습니다.

29 $838.5÷$(□ 안에 들어갈 수)
  $=$(◇ 안에 들어갈 수)
$838.5=$(□ 안에 들어갈 수)
  $\times$(◇ 안에 들어갈 수)
838.5×10
  $=$(□ 안에 들어갈 수)
  $\times$(◇ 안에 들어갈 수)$\times10$
$8385=$(세 자리의 자연수)$\times$(두 자리의 자연수)
가 되므로 곱이 8385가 되는 여러 가지 경우를
찾아보면
$8385=5\times1677=5\times3\times559$
  $=3\times5\times13\times43$
  $=129\times65=195\times43=215\times39$
  $=559\times15=645\times13$
따라서 □ 안에 들어갈 세 자리의 자연수는

129, 195, 215, 559, 645인데 이 중 150보다
크고 200보다 작은 수는 195입니다.

30 $9\times■+4\times▲=84$이려면 $4\times▲$의 값이 자연
수이어야 합니다.
$4\times▲$가 자연수인 경우는 다음과 같이 3가지입
니다.
$4\times0.25=1$, $4\times0.5=2$, $4\times0.75=3$
$9\times■=84-(4\times▲)$이므로 $4\times▲=3$일 때
$9\times■=81$이고, $■=9$입니다.
따라서 $■=9$, $▲=0.75$이므로
$(■+▲)\times100=(9+0.75)\times100=975$입니다.

KMA 실전 모의고사

1 회   48~57쪽

01 ③	**02** 8	**03** 5
04 ⑤	**05** 152	**06** ③
07 ③	**08** 5	**09** 3
10 ③	**11** ③	**12** 11
13 132	**14** 691	**15** 11
16 3	**17** 2	**18** 146
19 11	**20** 966	**21** 2
22 495	**23** 15	**24** 68
25 14	**26** 27	**27** 960
28 22	**29** 40	**30** 26

01 $1\frac{1}{2}$과 4를 포함해야 하므로 $1\frac{1}{2}$ 이상 4 이하
인 수입니다.

02 728 cm$=$7 m 28 cm이고, 끈을 1 m 단위로
만 판매하므로 8 m를 사야 합니다.

03 주어진 숫자 카드로 만들 수 있는 가장 작은 다
섯 자리 수는 20478이고 반올림하여 백의 자리
까지 나타내면 20500입니다.
따라서 백의 자리 숫자는 5입니다.

04 ① $\overset{3}{\cancel{9}} \times \dfrac{1}{\underset{2}{\cancel{6}}} = \dfrac{3}{2} = 1\dfrac{1}{2}$

② $\overset{3}{\cancel{21}} \times \dfrac{1}{\underset{2}{\cancel{14}}} = \dfrac{3}{2} = 1\dfrac{1}{2}$

③ $\overset{3}{\cancel{12}} \times \dfrac{1}{\underset{2}{\cancel{8}}} = \dfrac{3}{2} = 1\dfrac{1}{2}$

④ $\overset{3}{\cancel{15}} \times \dfrac{1}{\underset{2}{\cancel{10}}} = \dfrac{3}{2} = 1\dfrac{1}{2}$

⑤ $\overset{2}{\cancel{10}} \times \dfrac{1}{\underset{3}{\cancel{15}}} = \dfrac{2}{3}$

05 (어제 읽은 쪽수)$= \overset{24}{\cancel{168}} \times \dfrac{3}{\underset{1}{\cancel{7}}} = 72$(쪽)

(오늘 읽은 쪽수)

$= (168-72) \times \dfrac{5}{6} = \overset{16}{\cancel{96}} \times \dfrac{5}{\underset{1}{\cancel{6}}} = 80$(쪽)

따라서 이틀 동안 읽은 과학책은 모두
$72+80=152$(쪽)입니다.

06 ㉠은 12를 4로 나눈 것 중의 1이므로 $\dfrac{1}{4}$이고

㉡은 12를 4로 나눈 것 중의 3이므로 $\dfrac{3}{4}$입니다.

07 선대칭도형에서 대응점은 대칭축으로부터 같은 거리에 있습니다.
따라서 점 ㄹ의 대응점은 ③번입니다.

08 그림에서 선대칭도형은 다음과 같이 5개입니다.

09 삼각형 ㄱㄴㅂ과 삼각형 ㅁㄹㅂ, 삼각형 ㅂㄴㄷ과 삼각형 ㅂㄹㄷ, 삼각형 ㄱㄴㄹ과 삼각형 ㅁㄹㄴ이 합동이므로 모두 3쌍입니다.

10 ① 3.072   ② 30.72   ③ 307.2
④ 3.072   ⑤ 30.72

11 ㉠ 5와 1보다 큰 소수의 곱이므로 5보다 큽니다.
㉡ 5와 1보다 작은 소수의 곱이므로 5보다 작습니다.
㉢ 5보다 작은 소수와 1보다 작은 소수의 곱이므로 5보다 작습니다.

㉣ 5보다 큰 소수와 1보다 큰 소수의 곱이므로 5보다 큽니다.

12 (어떤 수)$\div 8 = 1.35 \cdots 0.2$이므로
(어떤 수)$= 8 \times 1.35 + 0.2 = 11$입니다.

13 1934명을 올림하여 천의 자리까지 나타내면 2000명이 되므로 $2000-1934=66$(명)이 받아야 할 $66 \times 2 = 132$(권)의 공책이 남게 됩니다.

14 최소 개수는 마지막 상자에 1개가 담겨져 있는 경우이므로 $30 \times 11 + 1 = 331$(개)이고,
최대 개수는 마지막 상자에 가득 차 있는 경우이므로 $30 \times 12 = 360$(개)입니다.
따라서 처음에 있었던 사과의 개수는
331개 이상 360개 이하입니다.
➡ ■＋▲$=331+360=691$

15 $2\dfrac{1}{4} = \dfrac{9}{4}$, $3\dfrac{3}{5} = \dfrac{18}{5}$이므로 두 수에 곱해도 자연수가 되는 가장 작은 분수는

$\dfrac{(4와\ 5의\ 최소공배수)}{(9와\ 18의\ 최대공약수)} = \dfrac{20}{9}$입니다.

따라서 이를 만족하는 세 번째로 작은 수는

$\dfrac{20}{9} \times 3 = \dfrac{20}{3} = 6\dfrac{2}{3}$이므로

$6+3+2=11$입니다.

16 $\dfrac{3}{5} + \left(1 - \dfrac{3}{5}\right) \times \dfrac{5}{8} = \dfrac{3}{5} + \dfrac{\overset{1}{\cancel{2}}}{\underset{1}{\cancel{5}}} \times \dfrac{\overset{1}{\cancel{5}}}{\underset{4}{\cancel{8}}}$

$= \dfrac{3}{5} + \dfrac{1}{4} = \dfrac{12}{20} + \dfrac{5}{20}$

$= \dfrac{17}{20}$

따라서 ㉠$=20$, ㉡$=17$이므로 ㉠$-$㉡$=3$입니다.

17 제시한 조건 중에서 두 삼각형이 서로 합동인 경우는 대응하는 세 변의 길이가 각각 같을 때와 대응하는 두 변의 길이가 각각 같고 그 끼인 각의 크기가 같을 때로 2가지입니다.

18 (각 ㄱㄷㄴ)$=$(각 ㄹㄷㄴ)
$= 180° - 90° - 28° = 62°$
(각 ㅂㄷㄷ)$= 360° - 90° - 62° - 62°$
$= 146°$

19 $6\bigcirc\times8=528$, $6\bigcirc=528\div8=66$ ➡ $\bigcirc=6$
$66\times\bigcirc=330$, $\bigcirc=330\div66=5$ ➡ $\bigcirc=5$
따라서 $\bigcirc+\bigcirc=6+5=11$입니다.

20 기계 한 대가 1분에 참기름 3.5 L를 만들 수 있으므로 1시간 32분=60분+32분=92분 동안에는 $3.5\times92=322$(L)를 만들 수 있습니다.
따라서 기계 3대가 만들 수 있는 참기름은 $322\times3=966$(L)입니다.

21 수직선에 나타낸 수의 범위는 4.14 이상 4.36 미만인 수입니다.
이 중에서 각 자리 숫자의 합이 8이 되는 수는 4.22, 4.31로 모두 2개입니다.

22 (여학생 수)$\times\dfrac{1}{3}=60$(명)이므로
(여학생 수)$=60\times3=180$(명)입니다.
(남학생 수)$\times\dfrac{4}{7}=180$(명)이므로
(남학생 수)$=180\div4\times7=315$(명)입니다.
➡ 전체 학생 수 : $180+315=495$(명)

23 삼각형의 합동의 성질에 의하여 선분 ㄱㄷ의 길이와 선분 ㄱㅁ의 길이가 같으므로
삼각형 ㄱㄷㅁ은 이등변삼각형입니다.
따라서 각 ㄱㄷㅁ과 각 ㄱㅁㄷ의 크기가 같습니다.
사각형 ㄱㅂㄷㅁ에서
(각 ㅂㄷㅁ)+(각 ㄱㅁㄷ)=180°
따라서 (각 ㄱㅁㄷ)=60°이므로 삼각형 ㄱㄹㅁ에서 선분 ㄹㅁ의 길이는 20 cm입니다.
또, 선분 ㄱㄷ의 길이가 10 cm이므로
선분 ㅂㄷ의 길이는 5 cm입니다.
그러므로 선분 ㄴㅂ의 길이는 15 cm입니다.

24 (㉮의 무게)$=38\times4.3+2.6=166$(kg)
(㉯의 무게)$\times2.5-4=166$
(㉯의 무게)$\times2.5=170$
(㉯의 무게)$=68$(kg)

25

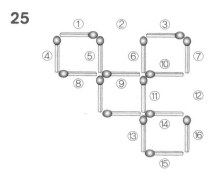

②와 ⑫에 있는 성냥개비를 옮기면 정사각형을 4개 만들 수 있습니다. ➡ $②+⑫=14$

26 일의 자리에서 반올림하여 320이 될 수 있는 수는 315~324입니다.
324명일 때 연필은 모두 972자루 필요하고 315명일 때 연필은 모두 945자루 필요합니다.
따라서 남을 수 있는 연필의 수는 최대로
$972-945=27$(자루)입니다.

27 $\dfrac{3}{5}<\dfrac{2}{3}<\dfrac{3}{4}$이므로 정우가 용돈을 가장 많이, 민기가 가장 적게 가지고 있었습니다.
정우는 1200원의 $\dfrac{3}{5}$인 720원을 내었으므로
민기가 가지고 있던 용돈은 $720\times\dfrac{4}{3}=960$(원)입니다.

28 사각형 ㅅㅂㅇㅁ의 넓이가 64 cm²이고, 선분 ㅁㅂ, 선분 ㅂㅇ, 선분 ㅅㅁ의 길이가 같으므로
$64=8\times8$에서 선분 ㄱㄴ의 길이는 8 cm입니다.
또, [그림 ②]의 넓이가 112 cm²이므로
[그림 ①]의 넓이는 $112+64=176$(cm²)입니다.
따라서 선분 ㄱㄹ의 길이는 $176\div8=22$(cm)입니다.

29 ㉮ 막대의 길이를 ☐ m라고 할 때 ㉯ 막대의 길이는 (☐$\times2$)m입니다.
☐$\times4+$(☐$\times2$)$\times4=4.8$
☐$\times12=4.8$, ☐$=0.4$(m)
따라서 ㉮ 막대의 길이는 0.4 m=40 cm입니다.

30 맨 마지막 ㉰의 구슬의 개수는
$49\div\left(1+\dfrac{4}{5}+1\dfrac{7}{15}\right)=15$(개)
㉮의 구슬의 개수는 $15\times\dfrac{4}{5}=12$(개),

KMA 정답과 풀이

⊕의 구슬의 개수는 49−(15+12)=22(개)
입니다.
거꾸로 생각하여 풀면
㉮ 12 → 6 → 3 → 26
㉯ 22 → 11 → 30 → 15
㉰ 15 → 32 → 16 → 8
따라서 ㉮는 26개의 구슬을 가지고 있었습니다.

2 회
58~67쪽

01 728	**02** ②	**03** 1
04 400	**05** 57	**06** 9
07 7	**08** 30	**09** 60
10 10	**11** ③	**12** ②
13 35	**14** 3	**15** 56
16 ②	**17** 115	**18** 31
19 14	**20** 126	**21** 12
22 4	**23** 88	**24** 1
25 910	**26** 226	**27** 73
28 4	**29** 3	**30** 11

01 일의 자리 숫자는 8 이상 9 미만이므로 8입니다. 십의 자리 숫자는 0, 1, 2 중 하나이고, 백의 자리 숫자는 5, 6, 7 중 하나입니다. 각 자리 숫자의 합이 17이므로 백의 자리 숫자와 십의 자리 숫자의 합은 9이어야 하므로 조건을 모두 만족하는 수는 728입니다.

03 만들 수 있는 가장 작은 다섯 자리 수는 20489이고, 20489를 올림하여 천의 자리까지 나타내면 21000입니다. 따라서 천의 자리 숫자는 1입니다.

04 $1600-\overset{400}{\underset{1}{1600}}\times\dfrac{3}{4}=1600-1200=400$(원)

05 $7\dfrac{3}{5}\times15\div2=\dfrac{\overset{19}{38}\times\overset{3}{15}}{\underset{1}{5}\times\underset{1}{2}}=57(\text{cm}^2)$

06 ㉮$=\Box\times\dfrac{1}{9}=\dfrac{\Box}{9}$, ㉯$=\Box\div81=\dfrac{\Box}{81}$

$\dfrac{\Box}{81}\times9=\dfrac{\Box}{9}$이므로 ㉮는 ㉯의 9배입니다.

07 (변 ㄷㅁ)=(변 ㄷㄱ)=16−9=7(cm)

08 삼각형 ㄴㄷㅁ과 삼각형 ㄹㄷㅁ은 합동이므로
(각 ㄴㅁㄷ)=(각 ㄹㅁㄷ)=40°입니다.
삼각형 ㄱㄷㅁ에서
(각 ㄴㄱㅁ)=(각 ㄷㄱㅁ)
$\qquad\qquad$=180°−90°−(20°+40°)
$\qquad\qquad$=30°

09 사각형 ㄱㄴㄷㄹ은 선대칭도형이므로
(각 ㄴㄹㄷ)=(각 ㄴㄹㄱ)=75°입니다.
따라서 삼각형 ㄴㄷㄹ에서
(각 ㄴㄷㄹ)=180°−45°−75°=60°입니다.

10 4.7은 0.47에서 소수점의 위치가 오른쪽으로 한 자리 옮겨진 수이므로 곱하는 수는 10입니다.

11 2.4×0.36×1.15=0.99360̸

12 지구에서는 50 kg이 어떤 행성에서 약 25 kg이 되었다면 약 $\dfrac{1}{2}$배가 된 것입니다.

49×0.53이 약 25이므로 ㉠은 화성입니다.
지구에서는 50 kg이 어떤 행성에서 약 20 kg이 되었다면 약 $\dfrac{2}{5}$배가 된 것입니다.

50×0.38이 약 20이므로 ㉡은 수성입니다.

13 두 수의 범위를 수직선에 나타내면 다음과 같습니다.

따라서 두 수의 범위에 공통으로 속하는 수의 범위는 29 이상 64 미만인 자연수이므로
63−29+1=35에서 모두 35개입니다.

14 반올림하여 백의 자리까지 나타내면 200이 되는 자연수 중에서 100 이상 170 미만인 수는 150 이상 170 미만인 수입니다.
150 이상 170 미만인 자연수 중에서 8의 배수는 152, 160, 168이므로 모두 3개입니다.

15 $\left(8\dfrac{3}{4}-3\dfrac{1}{6}\right)\times\dfrac{4}{5}=4\dfrac{7}{15}$,

$$3\frac{1}{6}+4\frac{7}{15}=(3+4)+\left(\frac{1}{6}+\frac{7}{15}\right)=7\frac{19}{30}$$

따라서 ㉠=7, ㉡=30, ㉢=19이므로
㉠+㉡+㉢=7+30+19=56입니다.

16 진분수와 곱하였을 때 그 곱이 진분수보다 크려면 1보다 큰 수를 곱해야 합니다.

17 삼각형 ㄹㅂㄴ과 삼각형 ㅂㄹㅁ이 합동이므로
(각 ㄹㅂㅁ)=(각 ㅂㄹㄴ)=65°입니다.
따라서 (각 ㄱㅂㄹ)=180°−65°=115°입니다.

18 삼각형 ㄱㅁㅂ과 삼각형 ㄷㄹㅂ이 서로 합동이므로 선분 ㄱㅁ의 길이는 선분 ㄷㄹ의 길

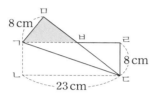

이와 같고 선분 ㅁㅂ의 길이는 선분 ㅂㄹ의 길이와 같습니다.

따라서 삼각형 ㄱㅁㅂ의 둘레는
8+23=31(cm)입니다.

19 3.86×4−0.48×(4−1)=14(m)

20 (5학년 학생 수)=1200×0.3=360(명)
(수학을 좋아하는 5학년 학생 수)
=360×0.35=126(명)

21 3■●07을 올림하여 34900이 되었으므로 올림하여 백의 자리까지 나타낸 것입니다.
따라서 ■는 올림한 수의 천의 자리 숫자와 같은 4이고 ●는 07을 올림하여 9가 되었으므로 8입니다.
➡ ■+●=4+8=12

22 $\frac{3}{8}×㉠×\frac{1}{㉡}=\frac{3}{8}×\frac{㉠}{㉡}$이 자연수가 되려면
㉠은 8의 배수인 8, 16 중 하나입니다.

• ㉠=8일 때 $\frac{3}{8}×\frac{8}{㉡}=\frac{3}{㉡}$이므로
㉡=3입니다.

• ㉡=16일 때 $\frac{3}{8}×\frac{16}{㉡}=\frac{6}{㉡}$이므로
㉡=2, 3, 6입니다.

따라서 (㉠, ㉡)=(8, 3), (16, 2), (16, 3), (16, 6)으로 4쌍입니다.

23

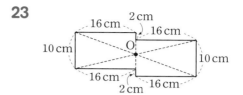

16×4+10×2+2×2=88(cm)

24 0.82♥2=0.82+0.82=1.64이고
1.8★2=1.8×1.8=3.24이므로
(0.82♥2)×(1.8★2)=1.64×3.24=5.3136
에서 소수 둘째 자리의 숫자는 1입니다.

25 $1×2=\frac{1}{3}×(1×2×3)$,

$2×3=\frac{1}{3}×(2×3×4−1×2×3)$,

$3×4=\frac{1}{3}×(3×4×5−2×3×4)$, …,

$13×14=\frac{1}{3}×(13×14×15−12×13×14)$

A=1×2+2×3+3×4+…+13×14
$=\frac{1}{3}×(13×14×15)=910$

26 • 세 번째 조건에서
〈올림〉 640<A+B+C≤650
〈버림〉 640≤A+B+C<650
〈반올림〉 635≤A+B+C<645이므로
A+B+C의 값은 641, 642, 643, 644 중 하나입니다.

• 첫 번째와 두 번째 조건에서

```
       6        15
  +----+----+--------+----  이므로
  A    B         C
```

A+B+C=A+A+6+A+21
=3×A+27입니다.

3×A+27=□에서 3×A=□−27에서
□−27이 3의 배수이려면 □는 3의 배수이어야 합니다.
따라서 3×A=642−27=615, A=205,
C=205+21=226입니다.

27 소가 200마리를 넘지 않고 소의 마릿수의
$\frac{1}{6}$, $\frac{1}{7}$, $\frac{1}{8}$의 합이 돼지의 마릿수이므로
소의 마릿수는 6, 7, 8의 최소공배수인
168마리입니다.

따라서 돼지의 마릿수는

$168 \times \left(\dfrac{1}{6} + \dfrac{1}{7} + \dfrac{1}{8} \right) = 73$(마리)입니다.

28 정삼각형 4개를 이용하여 만들 수 있는 선대칭 도형

정삼각형 5개를 이용하여 만들 수 있는 선대칭 도형

29 $(365.2422 - 365) \times 400 = 96.88$이므로

(날 수의 차 ㉠) $= 97 - 96.88 = 0.12$,

(시간의 차 ㉡) $= 24 \times 0.12 = 2.88$입니다.

➡ ㉠ $+$ ㉡ $= 0.12 + 2.88 = 3$

30 $\dfrac{1}{3} = \dfrac{1}{1 \times 3} = \dfrac{1}{3-1} \times \left(\dfrac{1}{1} - \dfrac{1}{3} \right)$

$= \dfrac{1}{2} \times \left(\dfrac{1}{1} - \dfrac{1}{3} \right)$,

$\dfrac{1}{15} = \dfrac{1}{3 \times 5} = \dfrac{1}{5-3} \times \left(\dfrac{1}{3} - \dfrac{1}{5} \right)$

$= \dfrac{1}{2} \times \left(\dfrac{1}{3} - \dfrac{1}{5} \right)$,

$\dfrac{1}{35} = \dfrac{1}{5 \times 7} = \dfrac{1}{7-5} \times \left(\dfrac{1}{5} - \dfrac{1}{7} \right)$

$= \dfrac{1}{2} \times \left(\dfrac{1}{5} - \dfrac{1}{7} \right), \cdots,$

$\dfrac{1}{483} = \dfrac{1}{21 \times 23} = \dfrac{1}{23-21} \times \left(\dfrac{1}{21} - \dfrac{1}{23} \right)$

$= \dfrac{1}{2} \times \left(\dfrac{1}{21} - \dfrac{1}{23} \right)$

따라서 구하는 식은

$\dfrac{1}{2} \times \left(\dfrac{1}{1} - \dfrac{1}{3} \right) + \dfrac{1}{2} \times \left(\dfrac{1}{3} - \dfrac{1}{5} \right)$

$+ \dfrac{1}{2} \times \left(\dfrac{1}{5} - \dfrac{1}{7} \right) + \cdots + \dfrac{1}{2} \times \left(\dfrac{1}{21} - \dfrac{1}{23} \right)$

$= \dfrac{1}{2} \times \left(\dfrac{1}{1} - \dfrac{1}{3} + \dfrac{1}{3} - \dfrac{1}{5} + \dfrac{1}{5} - \dfrac{1}{7} \right.$

$\left. + \cdots + \dfrac{1}{21} - \dfrac{1}{23} \right)$

$= \dfrac{1}{2} \times \overset{11}{\underset{1}{\dfrac{22}{23}}} = \dfrac{11}{23}$

➡ $\underset{1}{\dfrac{11}{23}} \times \overset{1}{23} = 11$

③ 회 68~77쪽

01	⑤	**02**	4	**03**	100
04	8	**05**	10	**06**	④
07	100	**08**	12	**09**	10
10	⑤	**11**	100	**12**	25
13	4	**14**	483	**15**	15
16	③	**17**	30	**18**	25
19	300	**20**	78	**21**	9
22	40	**23**	29	**24**	10
25	76	**26**	132	**27**	497
28	4	**29**	44	**30**	30

01 30 초과 50 미만인 수는 30과 50을 포함하지 않고 그 사이의 수입니다.

02 구하고자 하는 소수 두 자리 수는 8.54, 8.64, 8.74, 8.84로 4개입니다.

03 1342를 올림하여 백의 자리까지 나타내면 1400이고, 1342를 반올림하여 백의 자리까지 나타내면 1300입니다.

따라서 두 사람이 나타낸 주민의 수의 차는 $1400 - 1300 = 100$(명)입니다.

04 $\underset{1}{\overset{1}{\dfrac{2}{3}}} \times \overset{1}{\underset{4}{\dfrac{5}{8}}} \times \underset{2}{\overset{1}{\dfrac{3}{10}}} = \dfrac{1}{8}$

05 어떤 수를 □라 하면

$\square \times 5 \div 6 = 8\dfrac{1}{3}$, $\square = 8\dfrac{1}{3} \times 6 \div 5 = 10$입니다.

06 용희는 $4\dfrac{7}{16}$ m, 영수는 $50 \times \dfrac{1}{12} = 4\dfrac{1}{6}$ (m),

한초는 4 m, 석기는 $\dfrac{19}{4}$ m $= 4\dfrac{3}{4}$ m,

예슬이는 $27 \times \frac{1}{6} = 4\frac{1}{2}$ (m) 가지고 있습니다.

$4\frac{3}{4} > 4\frac{1}{2} > 4\frac{7}{16} > 4\frac{1}{6} > 4$ 이므로 가장 긴 색
테이프를 가지고 있는 학생은 석기입니다.

07 □$= 360° - 80° - 60° - 120° = 100°$

08 (변 ㄱㄴ)$=$(변 ㅇㅁ)$=10$ cm
(변 ㄷㄹ)$=$(변 ㅂㅅ)$=16$ cm
➡ (변 ㄱㄹ)$=56-10-16-18=12$(cm)

09

➡ $4+6=10$(개)

10 ①, ②, ③, ④ 소수 세 자리
⑤ 소수 네 자리

11 2.17은 0.0217의 100배이므로 바르게 계산한
답은 잘못 계산한 답의 100배입니다.

12
```
      6.6
  ×   4.8
    5 2 8
  2 6 4
  3 1.6 8
```
●$=6$, ★$=4$, ◆$=6$, ♥$=1$, ♣$=8$
이므로 $6+4+6+1+8=25$
입니다.

13 일의 자리에서 반올림하였을 때 240이 되는 수
의 범위 : 235부터 244까지
올림하여 십의 자리까지 나타내었을 때 250이
되는 수의 범위 : 241부터 250까지
따라서 두 경우를 모두 만족시키는 수의 범위
는 241부터 244까지이므로 ㄴ에 알맞은 숫자
는 4입니다.

14 $17 \div 7 = 2.428 \cdots$에서 몫을 반올림하여 소수
첫째 자리까지 나타내면 2.4이고, 소수 둘째 자
리까지 나타내면 2.43입니다.
➡ $(2.4 + 2.43) \times 100 = 483$

15 두 수도꼭지에서 1분에 나오는 물은
$\frac{4}{5} + 1\frac{3}{10} = 2\frac{1}{10}$ (L)입니다.
2분 5초$= 2\frac{1}{12}$ 분이므로 2분 5초 동안 받는 물

의 양은 $2\frac{1}{10} \times 2\frac{1}{12} = 4\frac{3}{8}$ (L)입니다.
➡ $4+8+3=15$

16 색칠된 부분의 가로는 $1\frac{2}{5}$ cm이고,
세로는 $1\frac{3}{4}$ cm이므로 넓이를 구하는 식은
$1\frac{2}{5} \times 1\frac{3}{4} = 2\frac{9}{20}$ (cm^2)입니다.

17 삼각형 ㄱㅁㅂ과 삼각형 ㄷㄹㅁ이 합동이므로
(변 ㄷㄹ)$=$(변 ㄱㅂ)$=6$ cm입니다.
따라서 삼각형 ㄱㄷㅁ의 넓이는
$10 \times 6 \div 2 = 30$ (cm^2)입니다.

18 대응각의 크기는 같으므로
(각 ㄴㄹㄷ)$=$(각 ㄷㄱㄴ)$=75°$
(각 ㄹㄴㄷ)$=$(각 ㄱㄴㄷ)$=65°$
삼각형 ㄹㄴㄷ에서
(각 ㄹㄴㄷ)$=180° - 75° - 65° = 40°$
따라서 (각 ㄱㄴㄹ)$=65° - 40° = 25°$입니다.

19 $11.11 \times ㉠ = 333.3$에서 $㉠=30$입니다.
$123 \times ㉡ = 12.3$에서 $㉡=0.1$입니다.
따라서 ㉠은 ㉡의 300배입니다.

20 $12 \times 7.5 - 1.6 \times 7.5 = 90 - 12 = 78$(cm^2)

21 ㉠ 다섯 자리 수의 만의 자리 숫자는 5 이상이
므로 5□□□□, 6□□□□
㉡ 천의 자리 숫자는 가장 작은 숫자이므로
50□□□, 60□□□
㉢ 백의 자리 숫자는 2, 3, 4, 5, 6, 7 중 3으로
나누어떨어지는 수이므로 3, 6
㉣ 십의 자리 숫자는 백의 자리 숫자의 3배이
므로 5039□, 6039□
㉤ 버림하여 만의 자리까지 나타내면 50000이
므로 5039□
따라서 조건을 만족하는 가장 큰 수는 50399, 가
장 작은 수는 50390이므로 두 수의 차는 9입니다.

22 ㉮$=200$ m, ㉯$=200 \times \frac{2}{5} = 80$(m),
㉰$=80 \times \frac{3}{4} = 60$(m)

$$(200+80+60+㉣)\times\frac{3}{19}=60$$

$$340+㉣=60\times\frac{19}{3}=380$$

$$㉣=40(\text{m})$$

23 삼각형 ㄱㄴㄷ과 삼각형 ㄹㅁㄷ이 서로 합동인 이등변삼각형이므로

(각 ㅁㄹㄷ)=(각 ㄴㄱㄷ)

  =180°−(67°+67°)=46°입니다.

(각 ㄹㅂㄷ)=180°−75°=105°이므로

㉠=180°−105°−46°=29°입니다.

24 • 3×3×3=27, 4×4×4=64이므로 연속하는 세 개의 소수는 3보다 크고 4보다 작습니다.

• 연속하는 세 개의 소수 한 자리 수의 곱은 소수 세 자리 수가 되어야 하는데 소수 두 자리 수가 되었으므로 맨 뒤의 0이 지워졌다는 것을 알 수 있고 세 소수의 소수 한 자리 숫자에는 5가 있다는 것을 알 수 있습니다.

3.3×3.4×3.5=39.27

3.4×3.5×3.6=42.84

3.5×3.6×3.7=46.62

따라서 □ 안에 들어갈 숫자는 2와 8이므로 숫자의 합은 2+8=10입니다.

25 이 시계는 일주일 동안

$2\frac{1}{4}\times7=\frac{63}{4}=15\frac{3}{4}$ (분), 즉 15분 45초 늦어

지므로 일주일 후 오전 9시에 이 시계가 가리키고 있는 시각은 오전 8시 44분 15초입니다.

따라서 ㉠=8, ㉡=44, ㉢=15이므로

㉠×㉢−㉡=8×15−44=76입니다.

26 여자 형제는 없고 남자 형제만 있는 학생 수가 가장 적을 때는 남자 형제가 있는 학생 수가 가장 적고 남자 형제와 여자 형제가 모두 있는 학생 수가 가장 많을 때입니다.

따라서 90−68=22(명)입니다.

또, 여자 형제는 없고 남자 형제만 있는 학생 수가 가장 많을 때는 남자 형제가 있는 학생 수가 가장 많고, 남자 형제와 여자 형제가 모두 있는 학생 수가 가장 적을 때입니다.

따라서 120−10=110(명)입니다.

➡ ㉠+㉡=22+110=132

27 • ㉮＞$\frac{9}{25}$일 때

$㉮-\frac{9}{25}=㉮\times\frac{9}{25}$, $㉮-㉮\times\frac{9}{25}=\frac{9}{25}$

$㉮\times\left(1-\frac{9}{25}\right)=\frac{9}{25}$, $㉮=\frac{9}{25}\times\frac{25}{16}$,

$㉮=\frac{9}{16}$

• ㉮＜$\frac{9}{25}$일 때

$\frac{9}{25}-㉮=㉮\times\frac{9}{25}$, $㉮+㉮\times\frac{9}{25}=\frac{9}{25}$

$㉮\times\left(1+\frac{9}{25}\right)=\frac{9}{25}$, $㉮=\frac{9}{25}\times\frac{25}{34}$,

$㉮=\frac{9}{34}$

따라서 $\frac{9}{16}+\frac{9}{34}=\frac{153}{272}+\frac{72}{272}=\frac{225}{272}$이므

로 ㉠+㉡=272+225=497입니다.

28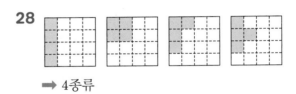

➡ 4종류

29 소수 두 자리 수 25개를 곱하면 계산 결과는 소수 50자리 수가 됩니다. 이때 소수점 아래의 수가 5의 배수인 경우 소수점 아래의 수가 짝수인 소수와 곱해져서 10의 배수가 되어 소수점의 자릿수가 한 자리씩 줄어듭니다.

0.01부터 0.25까지의 수 중에서 소수점 아래 수가 5의 배수인 수는 5개이고, 이 중 0.25는 소수점 아래 수가 4의 배수인 수와 곱해지면 100의 배수가 되므로 소수점의 자릿수가 두 자리 줄어듭니다.

따라서 소수점의 자릿수가 모두 6자리가 줄어들어 소수 44자리 수가 됩니다.

30 두 분수는 진분수이므로 ㉮는 19보다 큰 수이고, ㉯는 38보다 작은 수입니다.

$\frac{\overset{1}{19}}{㉮}\times\frac{㉯}{\underset{2}{38}}=\frac{1}{㉮}\times\frac{㉯}{2}=\frac{5}{14}$이므로 ㉯는 5의

배수이고, $\dfrac{\text{④}}{38}$ 는 기약분수이므로 ④가 될 수 있

는 수는 5, 15, 25, 35입니다.

따라서 $\dfrac{1}{\text{㉮}} \times \dfrac{\text{④}}{2} = \dfrac{5}{14}$ 에서 ④가 5일 때 ㉮는

7, ④가 15일 때 ㉮는 21, ④가 25일 때 ㉮는

35, ④가 35일 때 ㉮는 49입니다. 그런데 ㉮는

19보다 큰 수이어야 하므로 만족하는 ㉮와 ④

는 21과 15, 35와 25, 49와 35입니다. 그러므

로 ㉮가 될 수 있는 수의 합 A와 ④가 될 수 있

는 수의 합 B의 차를 구하면

$(21+35+49)-(15+25+35)$

$=105-75=30$입니다.

---

④ 회   **78~87쪽**

01 ③	02 100	03 749
04 195	05 3	06 750
07 ③	08 12	09 ②
10 580	11 ③	12 100
13 ③	14 30	15 3
16 7	17 40	18 140
19 18	20 231	21 1
22 65	23 8	24 71
25 575	26 542	27 650
28 5	29 6	30 74

02 3601부터 3700까지 100개입니다.

03 십의 자리에서 반올림하여 700이 되는 수는
650부터 749까지입니다.
따라서 학생 수는 최대 749명입니다.

04 $125 \times 1\dfrac{14}{25} = \overset{5}{\underset{1}{125}} \times \dfrac{39}{25} = 195$

05 $\dfrac{1}{8} \times \dfrac{1}{\square} < \dfrac{1}{52}$, $\dfrac{1}{8 \times \square} < \dfrac{1}{52}$ 이므로

$8 \times \square > 52$입니다.

따라서 □ 안에 들어갈 수 있는 한 자리 자연수
는 7, 8, 9이므로 모두 3개입니다.

06 $2000 \times 1\dfrac{1}{4} \times \dfrac{3}{10} = 2000 \times \dfrac{5}{4} \times \dfrac{3}{10}$

$\qquad\qquad\qquad\qquad\quad = 750(원)$

07 다와 아는 모양이 달라서 완전히 포개어지지
않습니다.

08 삼각형 ㄱㄴㄷ과 삼각형 ㄹㅁㅂ이 합동이므로
변 ㅁㄹ은 3 cm, 변 ㅂㄹ은 5 cm입니다.
따라서 삼각형 ㄹㅁㅂ의 둘레는
$4+3+5=12(cm)$입니다.

10 $580 \times 0.001 = 0.58$이므로 ㉠=580입니다.

11 ① $28 \times \boxed{0.01} = 0.28$

② $0.34 \times \boxed{0.01} = 0.0034$

③ $\boxed{0.1} \times 0.76 = 0.076$

④ $1.5 \times \boxed{0.01} = 0.015$

⑤ $\boxed{0.01} \times 20 = 0.2$

12 ㉠ $5.2 \times 356 = 1851.2$

ㄴ $0.52 \times 35.6 = 18.512$

$18.512 \times 100 = 1851.2$이므로

㉠은 ㄴ의 100배입니다.

13 $6 \text{ t} = 6000 \text{ kg}$

$53000 \div 6000 = 8 \cdots 5000$이므로

8번 싣고 5000 kg이 남습니다.

그런데 5000 kg도 운반해야 하므로 최소한

$8+1=9(번)$ 운반해야 합니다.

➡ $25000 \times 9 = 225000(원)$

14 일의 자리에서 반올림하여 340이 될 수 있는 수는
335부터 344까지입니다.
335명일 때 연필은 모두 670자루 필요하고,
344명일 때 연필은 모두 688자루 필요합니다.
따라서 남을 수 있는 연필의 수는 최대
$700 - 670 = 30(자루)$입니다.

15 단위분수는 분모가 클수록 작은 수입니다.
$20 \times \square < 60$이므로 $\square = 1, 2$입니다.
따라서 $1+2=3$입니다.

16 $㉠ = \dfrac{4}{5} \times 3\dfrac{2}{3} \times \dfrac{5}{8} = \dfrac{\overset{1}{\cancel{4}}}{\underset{1}{5}} \times \dfrac{11}{3} \times \dfrac{\overset{1}{\cancel{5}}}{\underset{2}{8}} = \dfrac{11}{6} = 1\dfrac{5}{6}$

$\unicode{x24C1} = \dfrac{3}{4} \times 3\dfrac{1}{2} \times \dfrac{6}{7} = \dfrac{3}{4} \times \dfrac{\overset{1}{7}}{\underset{1}{2}} \times \dfrac{\overset{3}{6}}{\underset{1}{7}} = \dfrac{9}{4} = 2\dfrac{1}{4}$

따라서 ⓛ＞㉠이므로

★＋▲＋■＝2＋1＋4＝7입니다.

17 점대칭도형의 전체 넓이는 삼각형 ㄱㄴㄷ의 넓이의 2배입니다.

(삼각형 ㄱㄴㄷ의 넓이)

$=8 \times 5 \div 2 = 20\,(\mathrm{cm}^2)$

(전체 넓이)$=20 \times 2 = 40\,(\mathrm{cm}^2)$

18 (각 ㄱㄴㄷ)=(각 ㄹㄷㄴ)=85°

(각 ㄱㄷㄴ)=180°－(75°＋85°)=20°

(각 ㄹㄴㄷ)=20°이므로

(각 ㄴㅁㄷ)=180°－(20°＋20°)=140°입니다.

19 $2.3 \times 9 - 0.3 \times 9 = 18\,(\mathrm{m})$

20 2시간 45분=2.75시간이므로

$84 \times 2.75 = 231\,(\mathrm{km})$입니다.

21 무게가 5 kg 초과 10 kg 이하인 소포를 가진 사람은 규형으로 한 명입니다.

22 $78 \times \dfrac{3}{4} + 78 \times \dfrac{1}{4} \times \dfrac{1}{3}$

$= \dfrac{117}{2} + \dfrac{13}{2} = \dfrac{130}{2} = 65\,(\mathrm{m})$

23 (108°, 40°), (97°, 75°), (97°, 40°),

(97°, 80°), (75°, 40°), (75°, 80°),

(40°, 80°), (40°, 135°)

➡ 8가지

24 소수 한 자리 수끼리의 곱의 결과가 소수 한 자리 수이므로 ⓛ과 ㉣의 곱의 일의 자리 숫자는 0입니다.

따라서 ⓛ과 ㉣ 중 하나는 숫자 5입니다.

㉠.ⓛ－㉢.㉣=2.1에서 ⓛ－㉣=1이므로

ⓛ=5, ㉣=4 또는 ⓛ=6, ㉣=5입니다.

〈ⓛ=5, ㉣=4인 경우〉

㉠.5－㉢.4=2.1에서 가능한 (㉠, ㉢)은

(3, 1), (8, 6), (9, 7)입니다.

$3.5 \times 1.4 = 4.9(\times)$, $8.5 \times 6.4 = 54.4(\times)$,

$9.5 \times 7.4 = 70.3(\times)$

〈ⓛ=6, ㉣=5인 경우〉

㉠.6－㉢.5=2.1에서 가능한 (㉠, ㉢)은

(3, 1), (4, 2), (9, 7)입니다.

$3.6 \times 1.5 = 5.4(\times)$, $4.6 \times 2.5 = 11.5(\bigcirc)$,

$9.6 \times 7.5 = 72(\times)$

따라서 ㉠.ⓛ＋㉢.㉣=4.6＋2.5=7.1이므로

$7.1 \times 10 = 71$입니다.

25 소수 두 자리 수 ㉮의 자연수 부분이 5이므로 ㉮는 5.㉠ⓛ이고

㉮의 소수 부분 0.㉠ⓛ과 ㉮를 0.1배 한 수인 0.5㉠ⓛ의 소수 부분의 합이 1.325이므로

0.㉠ⓛ＋0.5㉠ⓛ=1.325에서

ⓛ=5, ㉠=7입니다.

따라서 ㉮는 5.75이고 ㉮의 100배는 575입니다.

26 남학생 수의 범위는 821명부터 830명까지이고 여학생 수의 범위는 785명부터 794명까지이므로 이 학교의 전체 학생은 최대

$830 + 794 = 1624\,(명)$입니다.

따라서 필요한 연필은 $1624 \times 4 = 6496\,(자루)$이고 $6496 \div 12 = 541 \cdots 4$이므로 준비해야 할 연필은 적어도 542타입니다.

27 팔기로 한 쌀의 양은 전체의 얼마인지 알아보면

첫째 날 : $\dfrac{1}{50}$, 둘째 날 : $\dfrac{49}{50} \times \dfrac{1}{49} = \dfrac{1}{50}$,

셋째 날 : $\dfrac{48}{50} \times \dfrac{1}{48} = \dfrac{1}{50}$,

넷째 날 : $\dfrac{47}{50} \times \dfrac{1}{47} = \dfrac{1}{50}$, …

팔기로 한 쌀의 양은 전체의 $\dfrac{1}{50}$씩 매일 파는 규칙입니다.

따라서 49일째까지 팔고 남은 쌀은 전체의

$1 - \dfrac{49}{50} = \dfrac{1}{50}$이므로 □$\times 50 = 13$,

□=650(가마니)입니다.

28 마름모이므로 다음과 같이 2개의 정삼각형으로 나누어 생각할 수 있습니다.

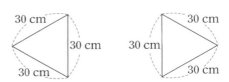

큰 정삼각형 2개이므로 하나의 큰 정삼각형에

서 72개의 반인 36개의 합동인 정삼각형을 만들면 됩니다.

정삼각형의 개수는

$$1, \quad 4, \quad 9, \quad 16, \cdots$$
$$(1\times1) \quad (2\times2) \quad (3\times3) \quad (4\times4)$$

과 같습니다.

36개일 경우는 6×6으로 한 변을 6등분한 것과 같습니다.

따라서 합동인 삼각형의 한 변의 길이는
$30\div6=5(cm)$입니다.

29 0.002씩 커지는 수를 0.542부터 0.616까지 늘어놓았습니다.

소수의 개수는 $(616-542)\div2+1=38$(개)입니다.

$$\underbrace{0.542+0.544+0.546+\cdots+0.614+0.616}$$
$$1.158$$
$$1.158$$

$=(0.542+0.616)\times38\div2=22.002$

따라서 ㉮$=22.002$이므로 ㉮의 각 자리의 숫자의 합은 $2+2+0+0+2=6$입니다.

30 (19, 14)로 나타내어지는 수는 위에서 19번째 줄, 왼쪽에서 14번째에 있는 수입니다.

따라서 윗줄에서부터 시작하여 왼쪽에서 오른쪽으로 하나씩 차례로 세어 보면 이 수는
$(1+2+3+\cdots+17+18)+14=185$(번째)
수이고, 주어진 소수의 배열에서는 0.4의 배수를 차례대로 나열했으므로 구하는 수는
$0.4\times185=74$입니다.

KMA 최종 모의고사

1 회   88~97쪽

01 ⑤	02 4	03 400
04 ①	05 ③	06 105
07 ②	08 90	09 30
10 ③	11 ②	12 2
13 4	14 8	15 470
16 38	17 864	18 6
19 120	20 10	21 15
22 40	23 25	24 7
25 17	26 949	27 315
28 45	29 46	30 25

01 ⑤ 703을 올림하여 백의 자리까지 나타내면 800입니다.

02 50 이상 70 미만인 수는 50, $52\frac{1}{3}$, 52.3, 64로 4개입니다.

03 14685를 백의 자리에서 반올림한 값은 15000, 버림하여 백의 자리까지 나타낸 값은 14600입니다.

따라서 차는 $15000-14600=400$입니다.

04 ① $\frac{5}{4}$ ② 1   ③ $\frac{5}{6}$
④ $\frac{6}{8}=\frac{3}{4}$ ⑤ $\frac{8}{9}$
➡ ①>②>⑤>③>④

05 ①, ②, ④, ⑤ ➡ $7\frac{1}{7}$ ③ ➡ $4\frac{1}{7}$

06 연필 2타는 24자루입니다.
(연필 2타의 무게)
$$=4\frac{3}{8}\times24=\frac{35}{\underset{1}{8}}\times\overset{3}{24}=105(g)$$

07 ㉮

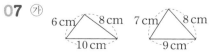

두 삼각형의 둘레는 24 cm로 같지만 합동이 아닙니다.

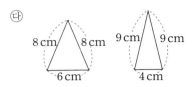

두 이등변삼각형은 둘레가 22 cm로 같지만
합동이 아닙니다.

08

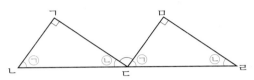

그림에서 ㉠＋㉡＝90°이므로
(각 ㄱㄷㅁ)＝180°－90°＝90°입니다.

09

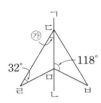

선대칭도형이므로 두 삼각형 ㄷㄹㅁ과 ㄷㅂㅁ은 합동입니다.
따라서 각 ㄷㅁㄹ의 크기는 118°이고 각 ㉮의 크기는 180°－(118°＋32°)＝30° 입니다.

10 ① 소수 두 자리 수   ② 소수 두 자리 수
③ 소수 세 자리 수   ④ 소수 한 자리 수
⑤ 소수 한 자리 수

11 나누어지는 수는 나누는 수와 몫의 곱과 같으므로 ㉠＝0.74×1.65＝1.221입니다.

12 어떤 수를 □라 하면 □÷7＝0.28…0.04이므로 검산식을 활용하여 답을 구합니다.
□＝7×0.28＋0.04＝2

13 ㉮와 ㉯에 공통으로 들어갈 수 있는 자연수는 75 초과 80 미만인 자연수이며 76, 77, 78, 79로 4개입니다.

14 684÷30＝22 … 24이므로 달걀은 22판을 팔 수 있으므로 달걀을 판 돈은
4000×22＝88000(원)입니다.
따라서 만 원짜리 지폐로 바꾸면 최대 8장이 됩니다.

15 남자 어린이 : $960 \times \frac{5}{16} \times \frac{4}{15} = 80$(명)

여자 어린이 : $960 \times \frac{11}{16} \times \frac{13}{22} = 390$(명)
따라서 미술관에 입장한 사람 중 어린이는
80＋390＝470(명)입니다.

16 $7\frac{1}{8} \times 4\frac{2}{3} = \frac{\overset{19}{57}}{8} \times \frac{\overset{7}{14}}{\underset{1}{3}} = \frac{133}{4} = 33\frac{1}{4}$

$1\frac{19}{30} \times \frac{9}{14} = \frac{\overset{7}{49}}{\underset{10}{30}} \times \frac{\overset{3}{9}}{\underset{2}{14}} = \frac{21}{20} = 1\frac{1}{20}$

차는 $33\frac{1}{4} - 1\frac{1}{20} = 33\frac{5}{20} - 1\frac{1}{20} = 32\frac{1}{5}$
이므로 ㉠＝32, ㉡＝5, ㉢＝1입니다.
따라서 ㉠＋㉡＋㉢＝32＋5＋1＝38입니다.

17 삼각형 ㄴㅁㅂ과 삼각형 ㄹㄷㅂ은 합동이므로
(변 ㄹㄷ)＝(변 ㄴㅁ)＝24 cm,
(변 ㅂㄷ)＝(변 ㅂㅁ)＝10 cm
(직사각형 ㄱㄴㄷㄹ의 넓이)
＝(26＋10)×24＝864(cm²)

18 (변 ㄱㄴ)＝(변 ㄱㅊ)＝(변 ㅂㅁ)
＝(변 ㅂㅅ)＝4 cm
(변 ㄴㄷ)＝(변 ㅁㄹ)＝(변 ㅊㅈ)
＝(변 ㅅㅇ)＝2 cm
➡ (둘레)＝4＋2＋(변 ㄷㄹ)＋2＋4
＋4＋2＋(변 ㅈㅇ)＋2＋4
＝24＋(변 ㄷㄹ)＋(변 ㅈㅇ)
＝36(cm)
(변 ㄷㄹ)＋(변 ㅈㅇ)＝12(cm)이고
(변 ㄷㄹ)＝(변 ㅈㅇ)이므로
(변 ㄷㄹ)＝6 cm입니다.

19 (4.05＋5.95)×12＝120(g)

20 2.3×78.93＋1.7×78.93＋3.8×78.93
＋2.2×78.93
＝(2.3＋1.7＋3.8＋2.2)×78.93
＝10×78.93

21 22.5＋24.2＋27.3＝74(kg)은 3개의 호박을 2번씩 단 무게이므로 3개의 호박의 무게는
74÷2＝37(kg)입니다.
가장 무거운 호박을 제외한 2개의 무게가
22.5 kg이므로 가장 무거운 호박의 무게는

$37-22.5=14.5(\text{kg})$이고,

소수 첫째 자리에서 반올림하면 15 kg입니다.

22 $\left(4\frac{3}{5}+2\frac{2}{5}+1\frac{4}{5}\right)-8=\frac{4}{5}$

겹쳐진 부분은 2군데이므로 $\frac{2}{5}$ m씩 겹쳐서 붙인 것입니다.

따라서 $\frac{2}{5}\times100=40(\text{cm})$씩 겹쳐서 붙인 것입니다.

23 사각형 ㅂㄷㅁㄹ의 넓이는 삼각형 ㄱㄴㅂ의 넓이와 같으므로 사각형 ㄱㄷㅁㄹ의 넓이는 삼각형 ㄱㄴㄹ의 넓이와 같습니다.

삼각형 ㄱㄴㄹ은 이등변삼각형이고 각 ㄱㄴㄹ은 30°입니다.

점 ㄱ에서 선분 ㄴㄹ에 수선을 그으면 삼각형 ㄱㄴ ㅅ과 삼각형 ㄴ ㄱㄷ이 합동이므로 선분 ㄱㅅ의 길이는 5 cm입니다.

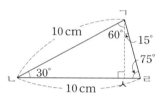

  (사각형 ㄱㄷㅁㄹ의 넓이)

    =(삼각형 ㄱㄴㄹ의 넓이)

    =$10\times5\div2=25(\text{cm}^2)$

24 민수가 만든 수는 5.02이고, 지우가 만든 수는 0.25입니다.

두 수를 곱하면 $5.02\times0.25=1.255$이므로 ㉠=2, ㉡=5입니다.

➡ ㉠+㉡=2+5=7

25 ㉠㉡㉢㉠㉡×9=㉣㉣㉣㉣㉣㉣이므로 ㉣㉣㉣㉣㉣㉣은 9의 배수입니다.

따라서 ㉣+㉣+㉣+㉣+㉣+㉣=(9의 배수) 이므로 ㉣=3, 6, 9입니다.

㉣=3인 경우 ㉡=7, ㉠=3, ㉢=0 (×)

㉣=6인 경우 ㉡=4, ㉠=7, ㉢=0 (○)

㉣=9인 경우 ㉡=1, ㉠=1, ㉢=1 (×)

➡ ㉠+㉡+㉢+㉣=7+4+0+6=17

26 어림한 두 수의 합이 3100, 차가 900이므로 ㉮를 어림한 수는 2000,

㉯를 어림한 수는 1100입니다.

2000은 ㉮를 반올림하여 백의 자리까지 나타낸 수이므로 ㉮는 1950부터 2049까지이고, 1100은 ㉯를 버림하여 백의 자리까지 나타낸 수이므로 ㉯는 1100부터 1199까지입니다.

따라서 ㉮와 ㉯의 차가 가장 큰 경우의 값은 $2049-1100=949$입니다.

27 전체 물고기 양에 대한 각각의 동물들이 받은 물고기의 양을 분수로 나타내면 다음과 같습니다.

북극곰 : $\frac{3}{7}$

물개 : $\left(1-\frac{3}{7}\right)\times\frac{3}{5}=\frac{4}{7}\times\frac{3}{5}=\frac{12}{35}$

돌고래 : $\left(1-\frac{3}{7}-\frac{12}{35}\right)\times\frac{5}{6}$

    $=\frac{\overset{4}{\cancel{8}}}{\underset{7}{\cancel{35}}}\times\frac{\overset{1}{\cancel{5}}}{\underset{3}{\cancel{6}}}=\frac{4}{21}$

펭귄 : $1-\frac{3}{7}-\frac{12}{35}-\frac{4}{21}$

    $=\frac{105-45-36-20}{105}=\frac{4}{105}=\frac{12}{315}$

따라서 ●에 알맞은 수는 315입니다.

28

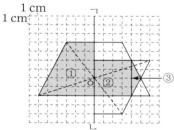

(①의 넓이)=$(3+6)\times6\div2=27(\text{cm}^2)$

(②의 넓이)=$4\times4=16(\text{cm}^2)$

(③의 넓이)=$4\times1\div2=2(\text{cm}^2)$

따라서 겹친 부분의 넓이는

$27+16+2=45(\text{cm}^2)$입니다.

29 (딸기잼을 만드는데 든 비용)

  =$5400\times4.2+1400\times1.8=25200$(원)

(만든 딸기잼의 양)=$4.2+1.8=6(\text{kg})$

$0.5\times12=6$에서 0.5 kg씩 12개로 나누어 팔 수 있으므로 판 금액은 $6000\times12=72000$(원)입니다.

따라서 이익금은 $72000-25200=46800$(원)

이므로 1000원짜리 지폐로 46장까지 바꿀 수 있습니다.

30 $⑪+⑭+⑮=⑭×1\frac{3}{7}+⑭+⑭×\frac{11}{14}$

$=⑭×\left(1\frac{3}{7}+1+\frac{11}{14}\right)=⑭×\frac{45}{14}=45$

이므로 맨 마지막 ⑭의 구슬의 개수는 14개,

⑪의 구슬의 개수는 $14×1\frac{3}{7}=20$(개),

⑮의 구슬의 개수는 $45-(20+14)=11$(개)입니다.

거꾸로 생각하여 풀면

⑪ 20 → 10 → 5 → 25

⑭ 14 → 7 → 26 → 13

⑮ 11 → 28 → 14 → 7

따라서 ⑪는 25개의 구슬을 가지고 있었습니다.

---

② 회 98~107쪽

01 ⑤	**02** 5	**03** 3
04 6	**05** ③	**06** 40
07 40	**08** ③	**09** 25
10 ②	**11** 162	**12** 612
13 61	**14** 7	**15** 6
16 5	**17** 9	**18** 1
19 144	**20** 36	**21** 7
22 6	**23** 6	**24** 799
25 120	**26** 9	**27** 180
28 144	**29** 124	**30** 30

01 수직선에 나타낸 수의 범위는 33 이상 39 미만인 수입니다.

02 동생이 탈 수 있는 놀이 기구는 매직열차, 범퍼카, 바이킹, 카멜백, 탬버린으로 모두 5가지입니다.

03 $21÷8=2.625$입니다.

반올림하여 소수 둘째 자리까지 나타내려면 소

수 셋째 자리에서 반올림하여야 합니다.

따라서 소수 둘째 자리까지 나타내면 2.63이므로 소수 둘째 자리 숫자는 3입니다.

04 $\frac{3}{8}×16=6$(L)

05 ③ $\frac{5}{8}×\frac{5}{8}=\frac{25}{64}$

06 $15×2\frac{3}{5}=\overset{3}{\cancel{15}}×\frac{13}{\underset{1}{\cancel{5}}}=39$이므로

$39<□$에서 □ 안에 들어갈 가장 작은 자연수는 40입니다.

07 각 ㄹㅁㅂ의 대응각은 각 ㄷㄱㄴ이므로 $180°-(55°+85°)=40°$입니다.

08 선대칭도형이면서 점대칭도형이려면 대칭축을 중심으로 완전히 겹쳐야 하고, 대칭의 중심으로 180° 돌렸을 때 처음 도형과 완전히 겹쳐야 합니다.

①, ③, ④, ⑤는 선대칭도형, ②, ③은 점대칭도형입니다.

09 삼각형 ㄱㅁㄹ과 삼각형 ㄷㅁㄹ은 선분 ㄹㅁ을 대칭축으로 하는 선대칭도형으로 합동입니다.

삼각형 ㅁㄹㄷ과 삼각형 ㅁㄴㄷ도 선분 ㄷㅁ을 대칭축으로 하는 선대칭도형으로 합동입니다.

➡ $75÷3=25(cm^2)$

10 ① $52.3×0.1=5.23$

② $0.523×100=52.3$

③ $5.23×0.1=0.523$

④ $52.3×0.01=0.523$

⑤ $523×0.01=5.23$

11 $0.03×5.4=\frac{3}{100}×\frac{54}{10}=\frac{162}{1000}$

따라서 □ 안에 알맞은 수는 162입니다.

12 $0.34×1.8=0.612$(km) → 612 m

13 $□=25+36=61$

14 가장 큰 네 자리 수부터 차례로 써보면 7630, 7603, 7360, 7306, 7063, …이므로 다섯 번째로 큰 수는 7063입니다.

따라서 올림하여 십의 자리까지 나타내면 7070
이므로 십의 자리 숫자는 7입니다.

15 과일 4개의 무게 : $4\frac{1}{5}-1\frac{4}{5}=2\frac{2}{5}(\text{kg})$

$2\frac{2}{5}=\frac{12}{5}=\frac{3}{5}+\frac{3}{5}+\frac{3}{5}+\frac{3}{5}$이므로

과일 1개의 무게는 $\frac{3}{5}$ kg입니다.

따라서 그릇의 무게는

$1\frac{4}{5}-\left(\frac{3}{5}+\frac{3}{5}\right)=\frac{3}{5}(\text{kg})$이므로

$\dfrac{\blacktriangle}{\blacksquare}\times10=\dfrac{3}{5}\times10=6$입니다.

16 (효근이의 나이)$=75\times\frac{1}{5}=15$(살)

(누나의 나이)$=15\div3\times4=20$(살)
따라서 효근이와 누나의 나이의 차는
$20-15=5$(살)입니다.

17 삼각형 1개짜리 : 3쌍
삼각형 2개짜리 : 2쌍
삼각형 3개짜리 : 2쌍
삼각형 4개짜리 : 1쌍
삼각형 5개짜리 : 1쌍
따라서 모두 9쌍입니다.

18 선분 ㄱㄴ에 대하여 선대칭도형을 그리고 점 ㅇ에 대하여 점대칭도형을 그릴 때 같은 도형이 되는 것은 ⓒ입니다.

19 2시간 15분=2.25시간이므로 자동차가 달린 거리는 $80\times2.25=180(\text{km})$입니다.
따라서 사용한 휘발유의 양은
$180\times0.08=14.4(\text{L})$입니다.
$\square\times10=14.4\times10=144$

20 (썩지 않은 멜론의 수)
$=360\times(1-0.15)=360\times0.85=306$(개)
(팔아야 하는 총 가격)
$=918000\times(1+0.2)=1101600$(원)
따라서 멜론 한 개에 $1101600\div306=3600$(원)에 팔아야 하므로 백원짜리 동전 36개를 받아야 합니다.

21 추가 요금을 낸 횟수는
$(275-60)\div30=7\cdots5$에서 8번입니다.
(주차 요금)$=3000+500\times8=7000$(원)
➡ 7장

22 전체 일의 양을 1이라고 할 때,
(한별이가 하루에 하는 일의 양)
$=\frac{1}{3}\times\frac{1}{4}=\frac{1}{12}$
(석기가 하루에 하는 일의 양)
$=\frac{1}{6}\times\frac{1}{5}=\frac{1}{30}$
(상연이가 하루에 하는 일의 양)
$=\frac{1}{10}\times\frac{1}{2}=\frac{1}{20}$
따라서 세 사람이 하루에 하는 일의 양은
$\frac{1}{12}+\frac{1}{30}+\frac{1}{20}=\frac{1}{6}$이므로
함께 일을 한다면 6일 만에 끝낼 수 있습니다.

23 (삼각형 ㄹㄴㄷ의 넓이)
$=10\times8\div2=40(\text{cm}^2)$
(삼각형 ㅁㄴㄷ의 넓이)$=40-10=30(\text{cm}^2)$
선분 ㅁㅂ의 길이를 $\square$ cm라고 하면
$10\times\square\div2=30$에서 $\square=30\times2\div10=6$입니다.

24 $9.4=\frac{94}{10}=\frac{47}{5}$이므로 $9.4\times$㉮$=\frac{47}{5}\times$㉮에서
계산 결과가 자연수가 되려면 ㉮는 5의 배수여야 합니다.
㉮의 두 자리 수 중 가장 작은 5의 배수는 10, 가장 큰 5의 배수는 95이므로
가장 작은 계산 결과는 $\frac{47}{5}\times10=94$,
가장 큰 계산 결과는 $\frac{47}{5}\times95=893$입니다.
따라서 두 수의 차는 $893-94=799$입니다.

25 (첫 번째 삼각형의 색칠한 부분의 넓이)
$=(8\times8\div2)-(4\times4\div2)=24(\text{cm}^2)$
(두 번째 삼각형의 색칠한 부분의 넓이)
$=24-(4\times4\div2)=16(\text{cm}^2)$
➡ (색칠한 부분의 넓이)
$=24+16\times6=120(\text{cm}^2)$

26 $0.25=\dfrac{25}{100}=\dfrac{1}{4}$ 이고, $0.75=\dfrac{75}{100}=\dfrac{3}{4}$ 입니다.

따라서 $\dfrac{1}{4}$ 보다 크고 $\dfrac{3}{4}$ 보다 작은 수들 중에서

분모가 8보다 작은 기약분수는

$\dfrac{1}{2}$, $\dfrac{1}{3}$, $\dfrac{2}{3}$, $\dfrac{2}{5}$, $\dfrac{3}{5}$, $\dfrac{2}{7}$, $\dfrac{3}{7}$, $\dfrac{4}{7}$, $\dfrac{5}{7}$ 이므로

9개입니다.

27 $\dfrac{21}{㉠×㉠×㉠}×735$

$=21×\dfrac{21×735}{㉠×㉠×㉠}=\dfrac{1}{㉡}$ 에서

$21×735=(3×7)×(3×5×7×7)$ 이므로

$㉠×㉠×㉠=3×7×3×5×7×7×㉡$ 입니다.

$㉠×㉠×㉠$

$=(3×5×7)×(3×5×7)×(3×5×7)$

$=(3×7×3×5×7×7)×(3×5×5)$

이므로 가장 작은 $㉠=3×5×7=105$,

가장 작은 $㉡=75$ 입니다.

따라서 $㉠+㉡$ 의 최솟값은 $105+75=180$ 입니다.

28 삼각형 ㄹㄴㄷ과 삼각형 ㄹㅁㄷ이 합동이므로

(선분 ㄷㅁ)$=24$ cm, (선분 ㄱㅁ)$=16$ cm 입니다.

삼각형 ㄱㄹㅁ의 넓이를 16이라고 하면 삼각형 ㄹㅁㄷ과 삼각형 ㄹㄴㄷ의 넓이는 각각 24이므로 삼각형 ㄱㄴㄷ의 넓이는 $16+24+24=64$ 입니다.

또한 삼각형 ㅂㄴㄷ의 넓이는 삼각형 ㄹㄴㄷ의 넓이와 같으므로 24입니다.

따라서 사각형 ㄹㄴㅂㅁ의 넓이는

$64-16-24=24$ 입니다.

삼각형 ㄱㄴㄷ의 넓이는

$24×32÷2=384$ (cm²)이므로

사각형 ㄹㄴㅂㅁ의 넓이는

$384×\dfrac{24}{64}=144$ (cm²)입니다.

29 $㉯×㉯=80$, $㉮×㉯=16$ 이므로

$㉯=㉮×5$ 입니다.

$㉮×㉯=㉮×(㉮×5)=3.2$, $㉮×㉮=0.64$,

$㉮=0.8$ 이므로 $㉯$ 는 $0.8×5=4$ 이고

$㉰$ 는 $80÷4=20$ 입니다.

따라서 $5×(0.8+4+20)=124$ 입니다.

30 십의 자리에 놓일 수 있는 숫자는 점대칭인 숫자이므로 0, 1, 2, 5, 8입니다.

십의 자리에 0이 놓이는 경우는

101, 202, 505, 808, 609, 906(6개)입니다.

십의 자리에 1, 2, 5, 8이 놓이는 경우도 각각 6개씩이므로 세 자리 수 중 점대칭인 수는

$6×5=30$ (개)입니다.

Memo

Memo

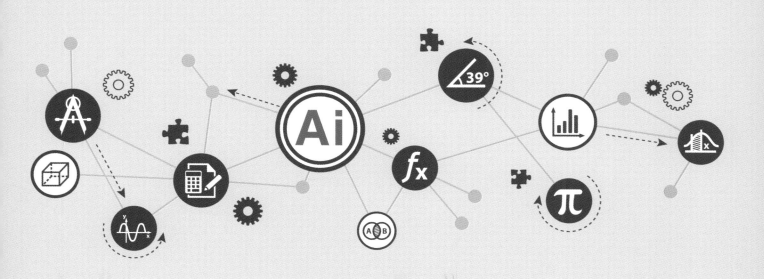

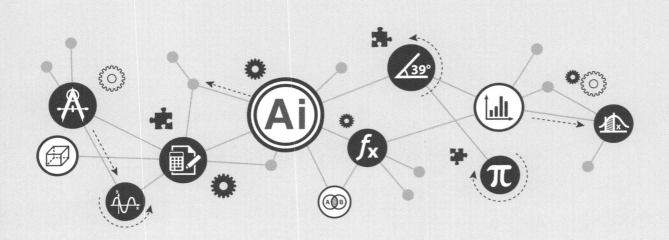